좋아하는 건축가 한 명쯤

· 인명, 지명 등은 국립국어원 외래어표기법을 따르되, 일부는 통용되는 표기를 따랐습니다.
· 언론매체, 영화는 〈 〉으로, 잡지, 단행본은 《 》으로 표기했습니다.
· QR코드를 통해 해당 건축거장의 주요 도판을 확인할 수 있습니다.
· 자주 사용되는 건축용어는 319쪽에 따로 묶어두었습니다.

좋아하는 건축가 한 명쯤

지은이 장정제
펴낸이 임상진
펴낸곳 (주)넥서스

초판 1쇄 인쇄 2023년 7월 15일
초판 1쇄 발행 2023년 7월 20일

출판신고 1992년 4월 3일 제311-2002-2호
10880 경기도 파주시 지목로 5 (신촌동)
Tel (02)330-5500 Fax (02)330-5555

ISBN 979-11-6683-583-4 03540

www.nexusbook.com

미켈란젤로부터 김중업까지 19인의 건축거장

Michelangelo Buonarroti Simoni,   Peter Zumthor, Le Corbusier, Ludwig Mies van der Rohe, Walter Gropius,   Frank Lloyd Wright, Alvar Aalto, Louis Isadore Kahn, Zaha Hadid,   Rem Koolhaas, Antoni Gaudi i Cornet, Frank O. Gehry,   Daniel Libeskind, Bernard Tschumi, Filippo Bru nelleschi, Ando Tadao, SANAA, Kim Swoo Geun, Kim Chung Up 장정제 지음

좋아하는 건축가 한 명쯤

지식의숲

prologue

좋은 기회로 즐거운 작업을 할 수 있었다. 이 책은 처음 어떠한 건축가를 소개할 것인가부터 고민했다. 여러 건축가들을 인명사전에서 찾고 역사서에서 참고하여 100명이 넘는 이름을 정리했다. 모든 건축가를 다 소개할 수 없으니 우선 우리 시대와 가까운 건축가를 중심으로 줄이고 또 지역과 국가별로 고르게 정리하고자 했다. 지면의 문제로 바로크 이전 시기의 고전적 건축가는 대부분 제외하고 모더니즘과 현대건축에 집중하였다. 그래서 나머지 건축가들 중에서 19명을 소개한다.

차례에 나오는 건축가의 순서는 크게 중요하지 않다. 연대기순으로 정리하지 않았으니, 읽고 싶은 작가부터 읽는 것도 좋다. 특별히 인과관계가 있거나 전후 영향을 미치는 책이 아니기 때문에, 하나하나 토픽에 접근하듯, 흥미로운 건축이나 건축가를 우선 읽는 것도 좋을 것이다. 우리가 알고 있는 건축Architecture, 건축가Architect 라는 언어는 오래전에 생긴 것이지만 직업Profession, 전문가Professional 라는 언어는 그리 오래되지 않았다. 적어도 전문가라고 이해되는 작가들을 소개한다. 이들은 모두 그 시대의 중요한 건축물과 건축적 영향을 끼친 작가들이다. 한 권의 책으로, 전체 건축의 역사와 작가를 고르게 평가하고 대변하지는 못하겠으나 충분히 우리가 느끼고 이해하는 시대의 건축과 건축가들을 이해하는 기초가 될 수 있을 것이다. 조금 긴 원고를 준비하고 이를 줄이면서 첨삭하느라 연대기적인 흐름이 끊기거나 중요한 사실도 축소하여 정리하여 부족한 부분이 있을 것이다. 이러한 부분은 개인적인 관심으로 더 전문서적을 찾아보기를 부탁드린다. 책의 목적에 따라서, 건축용어와 스타일에 대한 설명은 쉽지 않았으나, 가능한 쉽게 읽히도록 정리했다.

이 도시에 살고 있는 모든 사람이 매일 지켜보는 인공적인 도시 구조물은 모두 인간이 만들어놓은 것이다. 인공적인 구조물 모두가 인간이 도시에 건축하고 조경하고 창조한 것이다. 이미 이 도시에 자연 그대로의 공간을 걷고 만지고 누릴 수 있는 가능성은 거의 없다. 특별히 산을 오르거나 교외로 나가거나 섬으로 찾아가지 않으면 우리는 인간의 손이 닿지 않는 자연을 찾아낼 수가 없다. 그만큼 우리는 인간이 건축해놓은 인공적인 환경, 인간을 위한 도시에 산다. 그러므로 이 도시라는 공간을 이해하고 건축을 이해하는 당연히 중요한 일이다. 이 책을 통해서, 독자들이 도시공간에서 좀 더 훌륭하고 가치있는 건축물을 창조하고 감상하며 경험하는 것에 관심을 가지길 바라는 마음이다.

장정제

contents

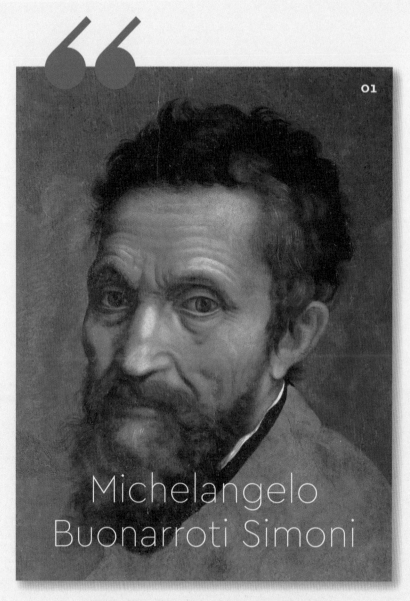

01

Michelangelo
Buonarroti Simoni

미켈란젤로 디 로도비코 부오나로티 시모니

이탈리아 카프레세 1475 ~ 이탈리아 로마 1564

성 베드로 성당, 바티칸, 1626

교황의 총애를 받은 탁월한 예술가

역사상 최고의 조각가, 화가. 르네상스의 천재. 못생기고 거친 성격. 고집불통이며 대인 기피증까지 가진 미켈란젤로는 인간의 힘으로 불가능한 작품들을 완성했고 자신의 완벽한 예술을 스스로 넘어서 위대한 경지에 도달했다. 나아가 그의 작업은 건축, 도시계획까지 확장됐다. 주제는 신화와 성화를 주로 다루었고 작업은 모두 인체를 표현하는 방식으로 이루어졌다.

미켈란젤로는 1475년 3월 6일, 카센티노의 카프레세에서 아버지 로도비코 부오나로티와 어머니 프란체스카 부오나로티 사이에서 태어났다. 6세 때 어머니가 죽자 유모에게 맡겨졌는데 유모의 남편은 세티냐노에서 농장과 채석장을 운영하는 석공이었다. 그러한 환경은 후에 조각가가 되는 데 영향을 끼쳤다.

이와 관련해 미켈란젤로 본인도 다음과 같이 말했다. "내 안에 좋은 몇 가지가 있다면, 아레초에서 예민한 분위기 속에 태어난 덕분이다. 나는 어려서부터 조각 끌과 망치를 다루는 요령을 익혔고 뭐든 조각할 수 있었다."

대표작으로 〈피에타〉1499, 〈천지창조〉1512, 성 베드로 대성당1626 등이 있다.

괴팍한 외모와 성격

르네상스 3대 거장으로 레오나르도 다빈치, 라파엘로, 미켈란젤로를 꼽는다. 다빈치, 라파엘로는 평판이 좋았던 반면, 미켈란젤로는 그렇지 못했다. 못생긴데다가, 외모에 관심도 없어 작업복 차림으로 다녔다. 거기에 원만한 성격도 아니었고 매력적이지도 않았다. 오히려 거만하고 서슴없이 독설을 내뱉어 친구도 없었다. 메디치 가문에서 수학하며 독설을 내뱉다가 동문에게 맞아서 코뼈가 주저앉았고 따돌림을 당하기도 했다. 고용주와 윗사람, 교황에게도 대들거나 도망가는 등 속을 숨기지 않는 전형적인 천재였다. 독실한 가톨릭 신자였고 금욕적이었다. 그가 단테의 《신곡》을 가장 좋아한 것도 분명하게 이해된다. 술도 거의 하지 않았고 소식가인 데다 여자도 만나지 않았지만 가족을 부양하느라 지출이 많았다. 그래도 본인에게는 거의 돈을 쓰지 않았다.

사법 행정관이었던 아버지는 공증업에 종사했다. 또 미켈란젤로가 예술가가 되기를 원하지 않았다. 당시 예술가들의 생활형편이 좋은 편이 아니었기 때문에 몰락한 귀족이었던 가족은 미켈란젤로가 다른 직업을 갖기를 원했다. 가족의 거센 반대에도 미켈란젤로는 예술혼을 불태웠다. 아버지와 형제들은 미켈란젤로가 예술가로 살아가는 내내, 돈과 도움을 요구하며 괴롭혔다. 13세가 되자, 유명한 화가 도메니코 기를란다요Domenico Ghirlandajo의 제자로 들어갔으나 1년 만에 그만두었다. 사실 미켈란젤로는 스승의 공방에서 더 배울 것이 없다고 판단한 듯하다. 또 회화보다 조각에 더 흥미를 가졌다.

그가 진정 스승으로 생각한 작가는 지오토Giotto di Bondone와 마사치오Masaccio 였다. 미켈란젤로는 인체에 대한 입체적이고 정확한 묘사, 인간의 감정, 비애와 슬픔, 후회 등 인간의 외면과 보이지 않는 내면까지 그려내고자 했다. 시스티나 성당의 천장화는 그러한 의도를 잘 말해준다.

천재적 재능

그의 재능을 알아본 메디치 가문의 수장, 로렌초 데 메디치Lorenzo de' Medici 의 초빙으로 미켈란젤로는 15세에 팔라초 메디치에서 수학한다. 로렌초 데 메디치는 예술을 사랑했고 젊은 예술가에게 지원을 아끼지 않았다. 그는 자신의 저택 정원에 '대리석 정원'을 갖추고 젊은 조각가들이 맘껏 작업하도록 했다. 미켈란젤로도 연습작을 만들었는데 〈성 요한의 침례〉, 〈판의 얼굴과 큐피드〉가 유명했다. 기록에 따르면, 미켈란젤로의 담대한 재능이 아름답게 조화를 이룬 작품이었다.

  판의 얼굴 조각은 메디치가의 눈에 드는 계기였다. 로렌초가 이 작품을 칭찬하며 '판은 나이가 들어서 이가 성하지 않을 텐데'라고 중얼거리자, 미켈란젤로는 바로 판의 이에 충치를 조각해서 마무리했다. 로렌초의 배려로 미켈란젤로는 로렌초의 가족과 식사를 할 만큼 우대받았다. 유명인사들과 학자들을 만나 철학을 배우고, 수준 높은 토론을 경청했으며, 라틴어와 문학도 수학했다. 미켈란젤로가 긴 생애 동안 보여준 신플라톤주의 철학과 예술, 문학에 대한 사고는 이때 형성되었다. 가톨릭 신자였던 그는 조각과 회화뿐만이 아니라 건축, 시 등 그의 예술작품 전반에 걸쳐 고통과 순교, 구원의 주제를 표현했다. 로렌초 사망 후, 그의 아들은 천재의 재능을 알아보지 못했고, 미켈란젤로는 떠나야 했다.

살아있는 감정의 조각

〈큐피드〉는 미켈란젤로가 가장 아끼는 작품 중 하나였다. 그는 작품을 나의 자식, 아이라고 불렀다. 이 조각상을 계기로 후에 프랑스 추기경이자 교황 알렉산드로 6세의 프랑스 교황 대사였던 장 드 빌레르Jean de Bilhères가 미켈란젤로에게 성 베드로 성당의 피에타를 주문한다. 〈피에타〉는 24세의 미켈란젤로를 단번에 거장으로 만든 작품이자 미켈란젤로 자신의 이름을 남긴 유일한 작품이다. 성모의 가슴 띠 안에 "MICHEL. ANGELUS. BONAROTUS. FLORENT. FACIBIEBAT"(피렌체 출신의 미켈란젤로 부오나로티 제작)이라고 새겼다. 소문에는 누구도 자신의 작품임을 몰라주자, 몰래 자신의 이름을 새겨넣었다고 한다. 이후 부끄러움을 느껴 다시는 자신의 이름을 넣지 않았다. 〈피에타〉는 성모의 아름다움과 예수의 죽음을 표현했다. 이 성모상은 원죄 없이 태어난 젊은 마리아로 표현되었다. 성모와 예수는 비례적으로는 왜곡되어 있다. 예수의 시신을 안고 있는 조각의 중심이 어긋나고 시각적 표현의 안정성을 위해 성모 마리아의 모습을 실제보다 2배 정도 크게 조각했기 때문이다. 옷자락의 주름과 예수와 성모의 자세는 공간적인 깊이감을 확대한다. 이러한 도상적 불균형은 관람자에게 시각적으로 조화로운 균형을 제공한다. 성모는 아들을 잃은 어머니의 고통스러운 얼굴이 아니라 '마에스타', 신의 어머니로서의 장엄함을 표현했다. 예수는 힘없이 축 늘어진 인간적인 모습대로 표현했다. 그는 전형적인 예수와 성모의 이미지를 재구성하고 고전적 규범을 극복하여 새로운 도상으로 전진하였으며 시각적인 조정을 통해 균형 잡힌 인간적인 조각을 만들었다. 이처럼 조각의 아름다움을 관찰자나는 대리석 가운데 천사를 보았다.
그리고 그 천사가 자유를 얻을 때까지 조각했다.

피에타, 성베드로 성당, 바티칸, 1499

의 시선으로 옮겨놓았고 형태가 아닌 보여지는 공간으로 조정했다. 〈피에타〉 외에도 〈다비드〉, 〈모세〉 등 많은 걸작을 남겼다.

미켈란젤로는 초기에 회화를 꺼리고 조각을 선호해 자신을 화가가 아닌 조각가로 여겼다. 그러나 교황 율리오 2세의 협박과 회유로 천장화를 맡아, 인류 역사상 가장 위대한 회화작품을 완성했다. 초기 주문은 천장 중심에 열두 제자를 그리는 일이었으나, 미켈란젤로는 천지창조, 인간 몰락, 구원, 그리스도를 그리는 복잡한 계획을 제안했다. 한편 조르조 바사리Giorgio Vasari의 《미술가 열전》1550에 따르면, 건축가 브라만테 Donato d' Aguolo Bramante가 미켈란젤로를 시기한 나머지 망신을 주기 위해 천장화를 그리도록 종용했다고 한다. 그런데 오히려 미켈란젤로는 상상할 수 없이 아름다운 거대한 천장화를 완성했다. 21m 높이의 천장화는 길이 41m, 폭 13m의 공간을 채웠다. 회반죽이 마르기 전에 그림을 그려야 했기에 매우 힘든 작업이었다. 거기에 높은 비계와 작업대를 설치하고 거대한 밑그림과 준비물을 위로 옮겨야 했고 그림을 그리려고 눕거나 천장을 쳐다보고 자세를 잡는 일 자체도 매우 힘들었다. 전체 구도를 보는 일도 불가능해서 수없이 계단을 오르내리고 필요한 장비를 설치하고 철거해야 했다. 또 높은 곳에서 작업하는 만큼 매우 위험했다. 그럼에도 미켈란젤로는 2년이라는 시간 안에 작업을 완성했다. 이 작품으로 르네상스 프레스코화의 기법으로 가능한 형태와 색채의 수준을 절정에 올려놓았다. 주제 '천지창조'를 중심으로 등장하는 예수, 예언자뿐 아니라 수많은 인물과 인체는 운동감과 생명감을 보여준다. 그의 작품은 유럽 역사상 가장 역동적인 것으로 평가된다. 그 이전까지의 회화는 인체의 역동성을 강조하는 자세를 취한 적이 없다. 예술에 있어서 미켈란젤로 작품의 가장 큰 의의는 인체의 역동성을 하나의 미학으로 발견한 것이다. 그 이후로 모든 예술에서 인간의 신체는 있는 그대로 표현되며 자유로운 자세와 표현의 자유를 얻게 된다. 그는 이전 회화와 다른 파스텔 톤의 색조와 강렬한 원색을 사용하여 전통적인 색의 개념을 추상적이고 인간적인 색상으로 옮겨놓았다.

1512년 10월 31일 시스티나 성당이 마침내 일반에게 공개되었는데, 바사리는 당시를 다음과 같이 기록했다. "그의 작업이 공개되었을 때, 세상 사람들이 미켈란젤로가 무슨 그림을 그렸는지 보려고 달려왔다. 그것을 보고 경탄하여 말을 잊은 채 모두 입을 다물지 못했다. 관람객의 머리 위로 수천 평방 피트 넓이의 천장에는 300명이 넘는 인물들이 그려져 있었다." 이곳은 평소 교황이 직접 미사를 집전하는 곳으로 사용되지만, 교황을 선출하는 의식, 콘클라베가 이루어지는 곳이다.

미켈란젤로는 살아있을 때 전기가 출판된 최초의 서양 예술가였다. 살아있는 동안, 두 편의 전기가 출판되었다. 바사리는 미켈란젤로의 작품이 모든 예술가의 작품을 초월했고 회화, 조각, 건축에서 최고라고 썼다. 당시 허가받은 사람 외에 인체를 해부하는 것은 중죄였지만 미켈란젤로가 해부를 했다는 것은 공공연한 비밀이었다. 천장화가 보여주는 구도가 해부를 해야만 알 수 있는 인체구조와 유사하고 그가 근육 묘사에 광적으로 집착했기 때문이다. 시스티나 성당 천장화의 아담의 탄생 구획은 뇌의 단면도처럼 보이며, 숨겨진 관절의 모습, 폐와 기관지의 모습, 콩팥의 단면도를 보이는 형상도 찾을 수 있다.

" 나는 다비드의 비전을 나의 마음 안에 창조했다.
그리고 다비드가 아닌 것은 모두 버렸다.

다비드상, 피렌체 아카데미아 미술관, 피렌체, 1504

Michelangelo Buonarroti Simoni

성 베드로 대성당

교황 바오로 3세는 미켈란젤로를 '교황청의 최고 건축가, 화가, 조각가'로 임명했다. 당시 가장 중요한 건축 프로젝트는 성 베드로 대성당의 구축이었다. 율리오 2세는 교황청의 권위를 높이고자 1506년 새로운 성 베드로 대성당을 짓기로 결정했고 낡은 옛 성당을 철거하기 시작했다. 대규모 건축이 시작되면서 도나토 브라만테Donato Bramante, 줄리아노 다 상갈로Giuliano da Sangallo, 프라 조콘도Fra Giovanni Giocondo, 라파엘로 산치오Raffaello Sanzio, 발다사레 페루치Baldassare Peruzzi, 안토니오 다 상갈로Antonio da Sangallo 등 당대 최고 건축가들이 설계에 참여했다. 공사 기간이 너무 길었기에, 이들 모두 자신의 설계가 완성되는 것을 보지 못하고 세상을 떠났다. 전임 건축가가 사망하면 새로운 수석 건축가를 임명했고, 후임자는 전임자의 설계안을 취소하고 새로운 설계안으로 수정했다.

브라만테는 그리스 십자가 평면을 설계했으나 라파엘로는 라틴 십자가 평면으로 바꿨으며, 발다사레 페루치는 다시 그리스 십자가 평면으로 돌아갔다. 안토니오 다 상갈로는 이전 설계안에서 이것저것 합쳐 놓았으나 미완의 상태에서 미켈란젤로가 수석 건축가로 임명되었다.

미켈란젤로는 교황의 유례없는 비호 아래 전권을 맡아 상갈로의 외벽을 철거하고, 브라만테의 초안을 기초로 다른 전임자들의 설계안에서 장점들을 수용했다. 평면을 입구에서 중심까지 짧은 동선을 가진 중앙집중적인 그리스 십자가로 수정하여 성당의 돔을 강조하고 웅장함을 드러냈다. 중앙부를 제외한 다른 내부 구획을 단순화해 공간을 크고 웅장하게 만들고 장중한 분위기를 극대화시켰다. 입면의 설계는 거대 기둥을 사용하여 두터운 외벽으로 만들고, 평면을 기하학적으로 정리하였다. 돔은 외벽 디자인과 어울리도록 쌍기둥과 뼈대(리브)로 디자인했다.

위대한 천재의 열정

미켈란젤로는 피렌체의 산타 마리아 델 피오레Cattedrale di Santa Maria del Fiore 대성당의 돔 꼭대기까지 올라가 그 구조를 파악했다. 그가 세상을 떠나자 자코모 델라 포르타Giacomo della Porta가 돔 공사를 이어받았다. 특이하게도 미켈란젤로는 스케치를 거의 남기지 않았다. 남아있는 스케치도 미켈란젤로의 것인지 알 수 있는 것은 매우 적다. 모든 작품을 스케치로 구상했지만, 작업이 끝나고 혹은 말년에 다 모아서 불태워버렸다. 미켈란젤로의 완벽주의적인 성격 때문일 수도 있다.

위대한 천재의 사생활에 대해서 알려진 것은 없었으나, 최근 밝혀진 내용에 따르면 귀족 청년 카발리에리Tommaso dei Cavalieri와 오랫동안 사랑을 나눴다. 당시 르네상스 천재들이 동성애자라는 것은 공공연한 비밀이었다. 미켈란젤로는 여러 젊고 아름다운 청년들을 조수로 두었으나 금욕적이었다. 하지만 이 청년에게는 수백 편의 시를 남겼다. 후에 이를 부끄럽게 여기고 시인이자 고귀한 미망인 비토리아 콜론나Vittoria Colonna 와 플라토닉한 사랑을 키웠다. 그는 88세의 나이까지 열정을 불태우며 작업했고 작업을 열망하며 죽음을 맞이했다.

죽음을 앞두고는 다음과 같은 소네트를 남겼다.

내 삶의 여정이 폭풍의 바다를 너머

과거의 모든 행적을 내려놓아야 할

모든 이가 닿는 항구에 이르러.

지난날 나를 가린 환상이 허무하구나.

예술을 우상으로 … 왕으로 섬긴 환상이라.

환영과 자만의 욕망으로 나를 망쳐놓았네,

사랑의 꿈은 달콤한데 …

영혼과 육신의 죽음에 이르렀구나.

하나의 죽음은 분명하고

다른 하나의 죽음은 두렵구나.

내 그림도 조각도 마음 달래지 못하네.

이제 나의 영혼은 우리를 껴안기 위해

십자가에서 두 팔을 벌린 하나님의 사랑으로 향하고 있네.

사람들이 내가 이 완숙된 경지에 오르기 위하여
얼마나 노력하였는가를 안다면
그 작품은 결코 대단하게 보이지 않을 것이다.

시스티나 성당의 천장화, 바티칸, 1512

Michelangelo Buonarroti Simoni

02

페터 춤토르

스위스 바젤 1943 ~

클라우스 수사 예배당, 독일·메헤르니히, 2007

분위기를 창조하는 건축가

1943년 스위스 바젤에서 태어났다. 아버지가 캐비닛 제작자였기에 춤토르 역시 목수로 자랐다. 그는 건축을 알기 전부터 건축을 경험했다. 그에게 영향을 준 건물은 어린 시절 아버지의 집, 처음 갔던 영화관, 교회, 기차역이었다. 그곳에서 건축이 세상과 관계 맺는 과정을 이해했다. 그는 1963년 쿤스트게베르베슐레(예술 및 공예학교)에 입학했다. 이후 1966년 뉴욕 프랫 미술대학에서 산업디자인과 건축을 전공했고, 1968년 그라우뷘덴주 기념물 보존 부서의 건축 보존 및 기획 담당자가 되었다. 그곳에서 역사적 건축물의 복원과 건축 자재에 대해 연구를 하면서 건축의 본질과 역사, 재료의 물성에 관심을 갖게 된다. 그 경험을 통해 미니멀하면서도 재료의 물성과 촉각적 감각에 집중했다.

1979년 사무소 '아틀리에 춤토르'를 설립했다. 작품의 철학을 발전시키고 자신이 감흥을 받을 수 있는 작품, 자신이 설계 가능하다고 확신하는 작품만을 작업했다. 작업과 함께, 서던 캘리포니아 대학, SCI-ARC대학, 뮌헨 기술대학, 하버드 디자인 대학원에서 강의했다. 최근에는 스위스 멘드리시오 건축학교Mendrisio Academy of Architecture의 교수로 재직했다.

대표작으로 테르메 발스 스파1996, 브레겐츠 미술관1997, 클라우스 수사 예배당2007, 콜룸바 교구 박물관2007 등이 있고, 최근 남양주 성모성지 설계에 초청받는 등 대한민국의 작품 설계에 관심을 보이고 있다.

열정을 다할 수 있는 작업만을 추구

이제 팔십이 넘은 건축가는 스위스 동부의 산악마을 할덴슈타인의 아틀리에 춤토르에서 작업한다. 어떠한 글로벌 사무소도 열지 않고 작은 마을에서 20명 내외의 인원만으로 소규모 아틀리에적 작업방식을 유지하고 있다. 웹사이트도 없으며 광고와 방송에 자료를 내지도 않고 인터뷰도 거의 하지 않지만 산골 작은 스튜디오, 악명 높은 직원 심사, 건축주와의 진지한 미팅은 잘 알려져 있다. 그 때문에 '산속의 은둔 건축가'로 불린다. 그의 작업태도와 뚝심은 건축가들 사이에 많은 추종자를 만들었고 그를 건축가들이 좋아하는 건축가가 되도록 했다.

거대한 규모의 프로젝트는 아니지만, 그의 작품이 갖는 영향력은 강력했다. 그의 장인정신은 주제를 깊이 파헤치는 집요한 사고와 실재료의 촉각적 감각에서 빛난다. 그래서 종종 컬트적 인물로 여겨졌다.

춤토르는 의미 없는 작업을 거부한다. 자신이 영감을 얻지 못하는 작업은 맡지 않는다. 시간적 압박 속에서 건물을 짓는 실수를 거부한다. 자신이 완벽히 설계 가능한 프로젝트만 선택한다. 그 때문에 완성된 작품은 충분한 시간을 두고 작업에 임하고 완성도를 높이고자 노력했음을 보여준다. 그러한 이유로, 작품이 많지 않다. 그는 상업적인 목적으로 건축하지 않는다. 그는 이렇게 말한다. "우리는 돈이 거의 없는 시간을 보냈지만 저는 그 고통을 겪은 적이 없습니다. 저는 평생 심각한 돈 문제가 없었어요. 그런 점에서 운이 좋았습니다. 개인적으로, 많은 돈이 필요하지 않습니다. 어쩌면 좋은 와인을 위해 좀 필요할지 모르겠습니다."

재료가 주는 울림

스위스 테르메 발스 스파, 오스트리아 쿤스타우스 브레겐츠 미술관, 독일 쾰른의 콜롬바 교구 박물관, 클라우스 수사 예배당에서 볼 수 있듯이, 재료와 빛의 사용에 있어 타협하지 않는 집요함과 완결성은 건축가로서 독보적인 이미지를 만들었다. 그에게 재료와 빛은 중요한 건축개념이다. 재료의 연금술사로 불리는 춤토르는 오랫동안 마음에 울림을 줄 수 있는 건축 재료를 좋아했다. 그에게 건축은 이러한 재료들을 결합하여 구축하는 과정이었다. 그러므로 건축 재료를 다루고 이해하는 장인 능력을 중시했다. 건축 자재는 해당 지역의 재료를 선택한다. 그 재료들 사이에 일정한 유사성을 찾아 결합하여 구축한다. 중요한 단계는 여러 재료를 특정한 구조로 결합하여 공간을 만드는 일이다. 그는 세밀한 구축과정을 주체화하는 드로잉 과정을, 마치 해부도를 그리는 것처럼 작업한다. 그는 드로잉을 통해, 상상하는 건축물이 물질적인 형태를 가지도록 분명한 볼륨과 크기, 질감을 부여한다. 드로잉은 완성된 건축물이 드러내기를 꺼려하는 비밀스러운 긴장과 결합의 기술, 숨겨진 구조, 재료의 결합, 내부적 힘, 장인적 흔적을 모두 드러낸다.

그에게 건축적 구조는 해부학적 구조가 된다. 피부로 덮인 몸의 내부 구조를 볼 수 없으나 복잡한 내부 조직, 근육, 혈관, 뼈가 조합되듯이 건축물도 전체 몸체를 덮고 있는 피막과 구조, 본체를 갖는다. 그처럼 건축적 재료의 울림은 무엇보다 중요한 의미가 된다. 그 때문에 건축물은 살아 있고 이야기할 수 있다.

춤토르에게 중요한 건축적 테마가 '분위기'인 것이 쉽게 이해된다. 춤토르는 건축으로부터 얻게 되는 이야기, 감동, 훌륭한 건축이 전해주는 감동을 '분위기'라고 본다. 그렇게 해서 건축물과 사람들은 상호작용한다. 건축가로서 춤토르는 그러한 상호작용이 가능한 실재를 구축한다. 더 긴장하게 하고 여유롭게 하고 감동받게 한다. 부드러운 유혹의 기술이다. 그 유혹은 살아있는 건축물을 만드는 일로부터 시작된다.

음악처럼 조율된 빛과 재료의 건축

춤토르의 이와 같은 건축적 태도와 작업과정이 그의 작품을 시적으로 만든다. 춤토르는 건축의 시인으로 여겨지고 시적 언어를 사용한다. 그의 건축언어는 감각과 감정을 담는다. 그만큼 많은 이야기를 한다. 그의 건축언어는 명확하고 육감적이며 감정이 풍부하다. 무엇보다도 촉각적이다. 춤토르의 건축에는 쓸모없는 것이 없으며 풍부한 상상력을 자극한다. 그는 그러한 분위기의 공간이 섬세하게 드러나도록 드로잉 작업을 몰아붙인다. 그렇게 완성된 작품은 마술적인 힘을 갖는다.

그는 재료와 함께 빛을 중요한 도구로 사용한다. 그에게 자연의 빛, 태양의 빛과 인공의 빛 그리고 어둠은 영감을 불러오는 테마가 된다. 빛은 이해할 수 없는 어떤 것, 모든 이해를 초월하는 힘이 된다. 춤토르는 실재의 재료가 빛과 만나서 만드는 조율된 건축물을 음악이라고 표현한다. 그리고 건축작업을 작곡에 비유한다. 건축을 감상하고 음악을 감상하는 방식이 유사하다고 생각한다. 작곡가가 느끼는 밀도와 공간, 움직임, 음색은 건축가가 재료를 구축하며 느끼는 분위기와 공간, 촉감 그리고 물성과 동일하다고 생각한다.

사람들은 사물과 상호작용한다.
건축가가 다루고 싶은 것도 그 상호작용이다.
나는 그러한 열정이 있다.
실재하는 사물은 그 자체의 마법을 가지고 있다.

콜룸바 교구 박물관, 독일 쾰른, 2007

여전히 훌륭한 가치의 건축을 위한 진정한 필요성이 존재한다.
단지 페이퍼 아키텍처가 아니라 진정한 그 무엇으로 필요하다.

테르메 발스 스파, 스위스 발스, 1996

Peter Zumthor

음악처럼 통일된 화음을 이루는 상태, 재료들이 제자리를 얻고 모여있는 상태, 이렇게 전체가 통일된 일관성을 지녔을 때 건축은 아름답다고 여겼다. 그중 하나라도 빠진다면, 전체가 파괴된 상태다. 그렇게 만들어진 형태는 장소를 반영하고 그렇게 결정된 형태와 장소는 공간의 용도를 결정한다. 때문에, 좋은 건축물은 그 장소에 속한다. 그의 건축물의 정체성은 그러한 지역성에서 시작된다. 춤토르에게 건축 재료와 장소는 형태보다 중요하다. 그는 형태를 만드는 것이 아니라 공간과 시간, 빛과 그림자, 소리와 촉감, 물질, 재료의 조합에 집중한다. 그 모든 것이 모여 하나의 장소에 건축물이 세워진다. 형태를 작업하지는 않으나 결론적으로 형태가 생성된다.

장소와 환경에 호흡하는 건축

초기 작업물은 모두 스위스에 위치해 있다. 그 이후에는 세계 여러 곳으로 작업무대를 확장했다. 여러 주택 프로젝트, 예배당, 작은 미술관, 로마 유적지 개발 등이 있다. 유명한 첫 번째 프로젝트는 스위스 그라우뷘덴의 자연 온천지에 지어진 테르메 발스 스파였다. 1996년에 문을 연 이 온천은 그의 가장 사랑받는 프로젝트 중 하나가 되었다. 이 작품은 오래전부터 그 장소에 있었던 것처럼 주변환경의 일부가 될 건축물을 짓기 위해 시작되었다. 그 지역의 지형과 지질 구조에 어울리는 공간으로 만들기 위해, 거대하고 아름다운 구조의 일부분은 산에 묻혀있다. 이 지역에서 난 판석을 쌓아 만든 균일한 덩어리는 빛과 온천물에 잠겨있다. 돌이라는 건축 자재가 주는 울림을 모두가 느끼고 상호작용할 수 있도록, 거칠고 어두운 판석의 거대한 덩어리로 공간을 구획했다. 그 덩어리 곳곳에 파여진 틈과 구멍으로 빛이 쏟아져 들어온다. 이곳에서 석판들은 장소에 녹아들어 빛과 하나가 된다. 잘 절삭되어 균일하게 쌓여진 수많은 판석의 구조체는 통합된 전체를 만든다. 그 힘과 무게, 재료의 질감과 볼륨, 온천물과 빛의 잔상이 발스의 분위기를 만든다.

그의 시적 영감과 촉각적 물성을 잘 보여주는 건축물이 있다. 클라우스 수사 예배당은 나이 든 농부와 아내의 부탁으로 시작됐다. 춤토르는 이 예배당이 클라우스 수호 성인으로 알려진 스위스 성자 니콜라오 데 플뤼에Nicholas de Flüe에게 헌정될 것을 듣고 명목상의 수임료만 받았다. 112개의 통나무를 거대한 움집 형태로 세우고 그 위에 거친 콘크리트를 50cm씩 단을 만들어 쌓아올렸다. 내부의 통나무는 철거하지 않고 오랫동안 불태워, 검게 그을린 통나무 요철의 벽면을 만들었다. 이 벽체는 잘 만들어진 350개 유리 렌즈가 설치된 관을 통해 측면에서도 내부로 빛이 들어갈 수 있게 하였다.

춤토르는 예배당이 갖는 엄숙함과 기념비성을 육중한 콘크리트 덩어리, 삼각형의 문을 통해 들어가면 나타나는 내부의 굽이치는 검은 요철 벽, 그 위로 쏟아지는 유리 렌즈의 빛과 하늘로 열린 공간으로 표현했다. 그 무겁고 거친, 견고한 재료가 율동하는 힘이 공간을 살아있게 만들고 신성한 분위기를 만든다. 삼각형의 은밀한 문은 지상에 안착된 깊고 은밀한 유적을 숨기고 드러낸다. 이 문으로 들어가면 요철면이 굽이쳐 흐르고 하늘로 열린 상부의 공간으로 수렴하며 시선과 촉감을 빨아올린다. 이처럼 재료의 물성이 만들어내는 이야기와 분위기가 건축물을 시적 실재로 만든다.

Peter Zumthor

Le Corbusier

로코르뷔지에

스위스 라쇼드퐁 1887 ~ 프랑스 로크브륀카프마르탱 1965

현대건축을 구축한 선구자

본명은 샤를 에두아르 잔레그리Charles-Edouard Jeanneret-Gris다. 스위스에서 태어나 프랑스에서 활동한 건축가이자 도시계획가, 화가, 조각가, 가구디자이너다. 르코르뷔지에는 무수한 건축물, 페인팅, 조각도 남겼지만 무엇보다 건축에 대한 저서들을 남겨 현대의 삶을 변화시켰다. 새로운 모험을 향한 그의 도전은 위대한 현대건축의 업적을 남겼다. 그의 저서에는 그가 꿈꾸던 세계가 고스란히 각인되어 있다. 그 이미지와 글들은 너무나 강렬해서 오늘날에도 수많은 건축학도에게 분명한 지침이 된다.

르코르뷔지에는 자신의 사고를 건축운동, 잡지, 서적, 전시를 통해 발표하여 세상의 기준을 만들어냈다. 오늘날과 같은 현대적인 형태의 건축물 즉, 기둥, 지붕, 창문, 자유로운 평면, 자유로운 개구부의 디자인을 처음으로 제시하였으며 모더니즘의 단순한 기하학과 기능주의 건축을 제창했다. 나아가 현대적 모듈, 도시계획, 시각적 세계를 창조했다. 그는 말 그대로 현대건축의 선구자였다.

대표작으로 빌라 사보아1931, 집합주택(공동주택, 아파트)1952, 롱샹 성당1955 등이 있고 대표적인 저술로는 《건축을 향하여》1923, 《빛나는 도시》1942, 《모뒬로르》1948 등이 있다.

순수주의 건축가

건축가의 역할에 대해 말하고자 하면, 단연 르코르뷔지에를 떠올릴 수밖에 없다. 위대한 건축가이자 모더니즘을 만들어낸 미스 반 데어 로에Mies van der Rohe가 훌륭한 건축물을 보여주었다면, 르코르뷔지에는 건축의 새로운 세계를 만들었다. 코르뷔지에는 젊은 시절 자주 유럽 곳곳을 여행하며 세계를 바라보는 시각을 키웠다.

1907년부터 파리의 철근 콘크리트 선구자인 오귀스트 페레의 사무실에서 일했고, 1910~1911년에는 베를린의 페터 베렌스 사무실에서 일하며 미스 반 데어 로에와 발터 그로피우스를 만났다. 거장들과의 경험은 나중에 건축 실무에 큰 영향을 미쳤다. 이후 발칸 반도를 여행하면서 많은 것들을 그림으로 남겼는데, 그중 파르테논 신전을 그린 스케치들은 저서《건축을 향하여》에 담았다.

1차 세계대전이 진행되는 동안 4년간 스위스에서 지내며 모교인 라쇼드퐁 미술학교에서 강의를 했다. 이때 이론적인 건축 연구를 했는데, 그중에는 도미노 주택 계획안도 포함되어 있었다. 도미노 주택은 집을 잘 만들어진 선박처럼 기계적으로 창조해야 한다는 생각을 반영한 것으로, 철근 콘크리트 기둥과 슬래브만으로 된 구조다. 최소한의 얇은 철근 콘크리트 기둥들이 모서리에서 지지하고, 각 층으로 진입하는 계단을 가진 콘크리트 슬래브로 구성된 개방적인 평면을 제안했는데, 이는 1차 세계대전 이후의 주택 공급에 큰 영향을 미쳤다. 이 설계안을 기초로 이후 10년간 대부분의 건축 설계를 진행했고, 사촌인 피에르 잔느레와 함께 건축 실무를 시작해 1940년까지 지속했다.

1918년 코르뷔지에는 입체파 화가, 아메데 오장팡Amédée Ozenfant을 만나 공통 관심사를 찾았다. 1920년 르코르뷔지에는 오장팡과 공동으로 '새로운 정신'이란 뜻의 《에스프리 누보》L'Esprit Nouveau를 창간, 비이성적이고 낭만적이라는 이유에서 입체주의를 버리고 순수주의를 주창한 《입체파 이후》Après le Cubisme를 출판했다.

이후 샤를 에두아르 잔레그리라는 본명 대신 르코르뷔지에Le Corbusier라는 필명으로 첫 기사를 작성했다. 이 필명은 외할아버지의 이름 '르꼬르베지에Lecorbésier'를 변형한 것으로, 주어진 이름과 역할로 사는 것이 아니라 누구나 자기 자신을 스스로 재창조할 수 있다는 그의 믿음을 반영했다. 1918년에서 1922년 사이, 코르뷔지에는 아무 건축물도 짓지 않고, 순수주의 이론과 회화에만 주력했다. 1922년, 르코르뷔지에와 잔느는 파리의 세브르가 35번지에 작업실을 열었다.

파리의 개인주택과 공동주택 설계

그의 이론 연구는 다양한 주택 모형들로 발전했다. 시트로앙 주택Maison Citrohan에서는 두 층 높이를 지닌 거실과 2층에는 침실, 3층에는 부엌을 지닌 3층 구조를 제안했다. 지붕에는 햇빛을 받을 수 있는 테라스를 만들었고, 외부에는 계단을 설치하여 대지에서 2층으로 직접 출입이 가능했다. 건물의 정면에는 연속된 창문이 길게 이어졌다. 건물은 직사각형 평면으로, 외벽은 창문과 함께 하얗게 도색되었다. 내부공간은 관 모양의 금속 틀로 만든 가구들로 채웠다. 조명은 대부분 장식되지 않은 전구를 사용했으며 내벽 역시 흰 벽으로 마감했다. 이후 코르뷔지에와 피에르 잔느레는 파리에 많은 개인 주택을 설계했다. 파리 근교, 불로뉴 비양쿠르Boulogne-Billancourt와 파리 16구에 리프시츠 주택, 쿡 주택, 플라넥스 주택, 그리고 현재 르코르뷔지에 재단이 있는 라로슈/알베르 잔느레 주택Maison La Roche/Albert Jeanneret 등이다.

1930년 프랑스 시민권을 갖게 된 르코르뷔지에는 본격적으로 자신의 이상을 드러냈다. 프랑스 당국은 빈민가 문제로 고심하는 파리의 도시 주택 위기를 위한 대응책으로 많은 사람들에게 주거를 제공할 효과적인 방책을 모색했다. 자신의 새롭고 현대적인 건축 형태가 도시 거주민의 삶의 질을 끌어올릴 구조적 해결책이라 생각했다. 1922년 디자인한 이머블 빌라Immeubles Villas는 세포와 같이 여러 공동 주택 단위가 모여 하나의 건물군으로 결합된 집합 건물군을 제시했다. 그 결과가 바로 집합 주거Unite d'Habitation였으며, 오늘날 아파트의 시작이라 할 수 있다. 각각의 주택 단위 평면은 거실, 침실, 부엌과 정원 테라스를 포함했다.

코르뷔지에는 주거 집합 건물을 설계한 뒤, 도시계획에 대해 연구하여 1922년 300만 명의 주민을 위한 '현대 도시'Ville Contemporaine 계획안을 내놓았다. 이 계획안의 핵심은 십자 모양의 60층 고층건물들의 집합체로, 각 건물은 거대한 유리의 커튼월로 둘러싸인 강철 뼈대 구조의 사무용 빌딩이다. 이 고층건물들은 직사각형 모양의 공원 같은 넓은 녹지 안에 세워졌다. 한가운데에는 교통센터가 있어, 철도역과 버스터미널, 고속도로 교차로가 위치하며, 맨 위에는 공항이 위치했다. 그는 상업용의 여객기가 거대한 고층건물들 사이에 착륙하는 비현실적인 생각을 했다. 인도와 차도를 분리하고 자동차 사용을 권장했다. 중앙의 고층건물 주변에 집은 거주를 위한 보물상자가 되어야 한다.

Le Corbusier

집합주택 유니테 다비타시옹, 파리, 1952

는 더 낮은 층의 집합주택들이 길 뒤의 녹지 중앙에 배치되었다.

코르뷔지에는 도시계획에 대한 발상의 범위를 넓히고, 공식화하여 《빛나는 도시》La Ville radieuse, 1935를 출판했다. 그는 경제적 위치가 아니라, 가족의 규모에 따라 주거 공간을 배정했다. 2차 세계대전 이후에는 프랑스 각지에 집합주거 유니테 다비타시옹Unité d'Habitation을 건설하여 도시계획안을 실현시키고자 했다. 가장 유명한 것은 마르세유의 유니테 다비타시옹이다. 1950년대에 빛나는 도시를 실현시킬 기회가 왔는데, 인도의 펀자브주와 하리아나주의 새로운 주도인 찬디가르Chandigarh의 건설 프로젝트였다.

스스로 저술가라 칭하다

르코르뷔지에는 위대한 선언과도 같았던 책 《건축을 향하여》Vers une architecture를 포함해 57권이나 되는 저서를 남겼다. 그는 매우 노련한 저널리스트이자 자전적 작가, 출판가였으며 여행가이자 건축 저술가였다. 그가 쓴 수많은 편지, 기사, 잡지, 스케치북에는 무언가 새로운 것을 발견하는 재미가 있다. 그것은 자신의 삶을 펼쳐나가는 흥미롭고 드라마틱한 기록일 뿐 아니라 기묘한 통찰력으로 가득한 예언들이다. 20세기초에 쓴 그의 특별한 편지들을 보면, 그가 무엇을 구상하고 무엇을 하고자 했는지를 알 수 있으며 실제로 무엇을 성취했는지를 발견할 수 있다. 이러한 운명과 목적에 대한 강력한 감정들은 그의 삶에 특별한 발자취를 부여했고 그는 숨겨왔던 마음의 물상들을 작품으로 표현했다.

에블린 트레힌Evelyne Tréhin[*]에 의해 파리에 설립된 르코르뷔지에 재단 Fondation Le Corbusier은 그의 업적을 여전히 살아숨쉬게 한다. 재단에서는 코르뷔지에의 삶과 작품들을 알리는 동시에, 그의 아카이브를 출판하고 유지하는 데 힘쓰고 있다.

코르뷔지에의 작업과 저작들은 여전히 재생산되고 있으며 그의 작업 전체를 이해하는 것은 사실상 불가능할 만큼 광범위하다. 그는 자신을 빛나는 세계 한가운데 '낯선 새'a strange bird[**]로 만드는, 환상적이고 매력적인 생각들로 살았다. 1930년에는 스스로를 건축가, 디자이너, 화가라고 하지 않고 저술가라고 밝혔다. 여권에도 저술가라고 적혀있었다. 그는 약간의 재미를 섞어 자신을 드러내지 않았고 자신의 이름이나 에콜 드 보자르 출신이나 건축가라는 것을 한 번도 밝히지 않았다.

그의 직업정신과 열정은 건축, 저술, 페인팅은 물론, 세계관, 성적 취향, 특이한 사회관계로 이어졌고 그는 다른 건축가들보다도 완벽하게 이를 유지했다. 특히 피카소와 같은 창조적인 인물과도 정신적으로 교감했다. 이러한 측면에는 마르크스적 르네상스나 미래지향적인 사고가 깔려있었다. 그는 다방면으로 도전하는 삶을 살았는데, 이를테면 오전에는 화가로서 작업하고 오후에는 건축가로서 저녁에는 저술가와 토론자로 시간을 보내는 식이었다.

---

[*]   르코르뷔지에 재단은 1960년에 공식화된 1949년의 그의 소원에 따라 코르뷔지에의 재산을 운영하고 관리하며 르코르뷔지에의 원래 도면, 연구 및 계획과 기록을 보존하고 알린다. 에블린 트레힌은 민간인으로 이루어진 재단의 초대 위원장이다.

[**]   르코르뷔지에는 자신의 열정과 인간의 노력과 이상을 종종 새의 형상으로 디자인하거나 그림을 그리고 조각으로 남겼다. 그에게 새의 이미지는 자유로운 창조를 의미한다.

코르뷔지에는 자유로운 영혼으로 살았으며 그리 좋은 남편은 아니었다. 종종 매우 남성중심적 사고로 편향되고 거만하기도 했다. 성격도 훌륭한 편이 아니었다. 그는 적어도 두 가지 직업을 넘나들며, 종종 무분별하거나 부정적이거나 잘못된 주장들도 했으나 결과적으로는 가장 이상적이고 미래지향적인 세계를 실현하는 데 온 정신을 쏟았다.

혁명적 사고의 결과물과 양면성

후기 대표적인 작품은 1955년에 완공된 롱샹 성당Ronchamp이다. 모더니즘 시대에 만들어진 유기적이고 형태변형적인 이 건축물은 포스트모더니즘을 예언하듯 자유로운 행태를 하나로 모아 구축했고 새로운 건축의 지평을 열었다. 당시 혹평을 받기도 했으나 롱샹 성당은 코르뷔지에의 디자인적 성격을 잘 보여주는 상징적인 건축물이다. 그는 매우 다른 건축언어를 하나로 묶어 새로운 문법을 만들었다. 그의 작품은 복잡한 메시지를 전달하면서도 역사적이고 상징적인 문법들을 함께 사용했다.

그는 적어도 두 개 이상의 시대, 모더니즘의 영웅적 시기와 모더니즘 후기에 1950년대 콘크리트의 부르탈리즘Brutalism*의 거장으로 활약했다. 특히 롱샹 성당과 찬디가르 의회는 포스트모더니즘을 알리는 시작이라고 할 수 있다. 그의 창조성과 혁명적 사고, 그리고 그 결과물은 미니멀

---

* 브루탈리즘이라는 명칭은 전통적으로 우아한 미를 추구하는 서구 건축에 비해 야수적이고 거칠며 잔혹하다는 의미를 내포하며, 어원적으로 코르뷔지에의 후기 건축과 그 영향을 받은 건축을 의미한다.

모더니즘으로 가는 길은 유행이 아니다.
이것은 세기적 상태다. 역사를 이해할 필요가 있다.
그리고 역사를 이해하는 이는 과거, 현재, 미래 사이에
어떻게 연속성을 발견할 수 있는가를 알 수 있다.

빌라 사보아, 프랑스 푸아시, 1931

"
건축은 빛을 끌어오는 매스들을 다룸에 있어
거장다워야 하며 정확하게 장대해야 한다.
우리의 눈은 빛에서 형태를 발견하게 만들어졌다.
빛과 형상이 형태를 드러낸다.

모뒬로르 체계, 1931

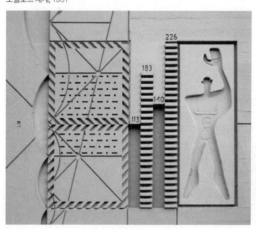

Le Corbusier

리스트이자 매너리스트*, 바로크의 거장으로 여겨지는 미켈란젤로에 비유된다.

코르뷔지에의 이러한 창조적 활동은 말 그대로 다양한 분야를 넘나들며 다양한 작업을 완성하면서도 아마추어적인 진지함을 가지고 있었다. 그의 천재성은 다양한 역설을 보여준다. 그는 교조적이며, 자기주장적이며, 우스꽝스럽기도 했다. 그는 전세계가 알 만큼 성공했음에도 풍차에 달려드는 돈키호테처럼 건축·도시적 실험에 도전했다. 그의 친구였던 오귀스트 페레Auguste Perret는 코르뷔지에를 매혹적이고 호기심 많은 새처럼 여겼다.

그의 예언적인 능력은 20세기를 이끌었고 거대한 구축, 도시의 재구성, 키치의 발전, 생태학적 변화, 거대 주거단지 등 인간의 기본적인 요구에 분명한 해답을 제시했다. 그가 제시한 해답은 거대 규모의 건설 때문에 공간의 활용과 접근의 어려움과 같은 문제를 악화시키는 경우도 있었으나 전체적으로 보면 미래지향적인 사례를 만들었다.

오늘날에도 지속되는 영향력

그는 자신을 저술가, 건축가, 화가의 영역에 한정하지 않고 목표를 세워 전진했다. 그리고 종종 그것을 성취하지 못하는 것에 고통받았다. 다르게 보자면, 그는 목표에 도달할 수 없음을 알았다. 그러나 그것을 얻고자 노력하는 동안에는 열정이 넘쳐나는 것도 알았다. 불가능한 것을 존재하

---

*   1520년에서 1600년 사이에 기존의 미술과 예술의 방식을 답습하고 과거의 전통에 따르고 그 전통으로부터 발전된 표현을 중시하는 매너리즘에 기초한 작가들을 의미한다.

도록 노력하는 전쟁은 로맨틱하게도 한 개인의 힘을 테스트하기에 충분했다. 그는 자신의 철학과 건축에서의 고군분투에 즐거움을 느꼈다. 그의 건축물은 그리스의 사원과 같이 자연과의 조화에 집중하면서도 건축의 유기적 통합에 집중하고 있었다. 그의 건축물에는 인간으로서의 조건, 우주의 부분이면서 세계와 분리되고 다른 것으로 인식되는 이질성이 표현되어 있다. 그것은 중력 그리고 대립되는 요소들의 강력한 조합에 의하여 만들어진다.

20세기에 들어 건축은 혁명적 운동이 일어났고 스스로 변화하여 발전했다. 르코르뷔지에는 이러한 지속적인 혁명에 직면하고 도전했다. 그리고 자신만의 건축물로 그 답을 표현했다. 그리고 그의 영향력은 오늘날에도 여전히 지속되고 있다.

04

Ludwig Mies
van der Rohe

루트비히 미스 반 데어 로에

독일 아헨 1886 ~ 미국 시카고 1969

프리드리히 스트라세 빌딩 스케치, 1921

철과 유리의 근대건축 거장

루트비히 미스 반 데어 로에는 독일의 건축가로 근대건축의 개척자 중한 명이다. 보통 성으로만 언급되며, 흔히 미스Mies라고 불린다. 본명은 마리아 루트비히 미하엘 미스Maria Ludwig Michael Mies다. 극적인 명확성과 단순성으로 대표되는 20세기 건축양식을 만들어냈으며, 도시 미학에큰 영향을 끼쳤다.

독일 아헨에서 석공의 아들로 태어나 정규 건축교육을 받지 않고도 스투코 장식, 목조 건축, 가구 직공 일을 배울 수 있었다. 1907년에 독립해베를린으로 이주하여 인테리어 디자이너 브루노 파울Bruno Paul의 사무실에 들어갔고, 1908년부터 1912년까지는 페터 베렌스Peter Behrens의스튜디오에서 견습생으로 건축 경력을 시작했다. 이곳에서 미스는 당시의 디자인 이론들과 발달하는 독일 문화를 접했다. 정식 대학 학력이 없었으나 뛰어난 재능으로 독립적인 업무를 시작할 수 있었으며 후에 바우하우스 교장까지 역임하게 된다.

미스 반 데어 로에는 과묵한 성격 탓에 살아있는 동안 자신의 삶과 건축에 대해 남들에게 털어놓지 않았다. 그래서 많은 사람이 그의 대가다운 모습을 존경하지만 작품을 제외하고는 아는 것이 별로 없다.

대표작으로 바르셀로나 파빌리온1929, 빌라 투겐트하르트1930, 시그램빌딩1958, 베를린 신국립 미술관1968 등이 있다.

강철과 유리의 새로운 건축양식

발터 그로피우스Walter Gropius, 르코르뷔지에Le Corbusier와 함께 근대건축의 개척자로 꼽히는 미스 반 데어 로에는 1차 세계대전 이후 고전이나 고딕 양식처럼 근대를 대표할 새로운 건축양식을 만들고자 노력했다. 미스는 극적인 명확성과 단순성으로 나타나는, 20세기 건축양식을 만들어 냈다. 그의 건물은 공업용 강철과 판유리 같은 현대적인 재료들로 내부 공간이 구성되었다. 최소한의 구조 골격은 (그 안에 포함된 거침없이 열린) 공간에 자유를 부여했다. 미스는 자신의 건물을 '피부와 뼈'skin and bones 건축이라 불렀다. 그는 이성적인 접근으로 건축 설계의 창조적 과정을 이끌었다.

1차 세계대전 이후 미스는 전통적인 주택을 설계하면서도 국제주의 양식Internationalism*을 구현하고자 하는 실험적인 노력을 기울였다. 전위적인 동료들과 함께 산업 민주주의 시대에 걸맞은 새로운 양식을 탐색했다. 19세기 중반부터 진보적인 이론가들은 역사적인 장식을 그와 관계없는 근대건축물에 덧붙이는 행위와 전통적인 양식의 구조적·재료적 한계를 비판했다. 역사적인 양식에 대한 이런 늘어나는 비판은 참혹했던 1차 세계대전 이후 유럽 제국주의의 낡은 질서의 실패가 곳곳에서 목격되면서 상당한 믿음을 얻었다. 고전주의 복고 양식은 불명예스러운 귀족 정치체제의 건축적 상징으로 매도되었다.

시대의 흐름에 맞춰 이런 장식들을 포기한 미스는 1921년 베를린에

* 1920년대와 1930년대에 유럽과 미국에서 발전한 건축양식. 장식 없는 평평한 흰색 벽, 극단적인 입방체 형태, 넓은 공간에서의 유리 사용, 개방형 평면이 특징이다.

지어질 고층 빌딩 디자인 공모전에서 매력적인 계획안을 선보였다. 공모전 출품작은 전면이 유리로 된 다면체의 마천루, 프리드리히 스트라세 빌딩Friedrichstrasse Skyscraper이었는데 당시에는 너무 혁신적인 계획이라 실제로 건축되지는 못했다. 그는 뒤이어 1922년에는 곡면을 가진 계획안을 내놓는 등 계속하여 선도적이면서 훌륭한 프로젝트들을 내놓았는데, 이는 유럽에 있는 두 개의 걸작에서 정점을 찍는다. 하나는 1929년에 지어진 바르셀로나 국제 박람회의 독일관으로 만든 임시 건물로, 현재는 바르셀로나 파빌리온Barcelona Pavilion이라 불린다. 이 건물은 박람회가 끝나고 분해되었으나 이후 건축사적 의의를 인정받아 원래 대지에 1988년 재건축되었다. 이 건축물은 2차 세계대전 이전의 그의 작품 중 가장 유명하고 영향을 많이 끼친 작품이다. 다른 하나는 체코 브르노Brno에 있는 빌라 투겐트하트Villa Tugendhat다.

신은 디테일에 있다

미스는 그를 따르는 여러 전문가들과 함께 뛰어난 작품을 완성하여 1930년대에 세계적인 명성을 얻었다. 그러한 노력과 완전함에 대한 열정은 그를 신화적 존재로 만들어냈다. 그가 남긴 유명한 말이다. "신은 디테일에 있다."

1920년대 그의 작품들 특히, 프리드리히 스트라세 빌딩, 콘크리트 컨트리 하우스Cocrete Country House, 브릭 컨트리 하우스Brick Country House는 그가 가진 건축 개념과 언어를 향한 지적이고 감성적인 열정을 잘 표현한다.

미스는 전통적인 설계 실무를 계속하면서도 공상적인 프로젝트를 다수 시도했다. 그 프로젝트들은 거의 실현되지 못했지만 미스가 진보적 건축가로서 명성을 얻게 해주었다. 그는 1923년 7월에 시작된 진보적 디자인 잡지《G》에 참여했다. 또한 독일공작연맹의 건축 관리직을 수행하면서 모더니스트들이 모인 바이센호프 주거단지Weissenhof Estate 전시회를 성공적으로 기획함으로써 능력을 보여주었다. 바이센호프 주거단지는 건축의 모더니즘을 국제화하는 데 있어 매우 특별한 성공사례로 평가받는다. 미스는 슈투트가르트에 모더니즘의 완결체를 만들고자 세심한 노력을 기울였다. 특히 디자인 형태와 구조적인 프레임을 현대의 아파트 건축에 적합한 결과물로 만들어냈다. 미스는 모더니스트 건축 단체 데어 링Der Ring의 창립에 참여했고, 전위적 성향의 바우하우스Bauhaus에도 참여하여 단순한 기하학적 형태를 기능적으로 사용하도록 건축 전반을 발전시켰다.

사상가와 디자이너들은 전통적 건축양식의 결점을 비평하고 새로운 기준을 정의하고 대안적인 디자인을 창조하고 창조적인 발상들을 실험했다. 당시의 아방가르드 건축가들이 그랬듯이 미스도 그것을 자기 나름대로 재결합해 건축이론과 원칙을 세웠다. 그의 모더니즘적 사고는 근대적 산업재료를 사용하면 효과적이며 조각적인 축조를 할 수 있다고 생각했던 러시아 구성주의에 영향을 받았다. 네덜란드의 데 스틸De Stijl이 주창한 단순한 직선적이고 평면적인 형태, 명료한 선, 색의 순수한 사용, 실내를 넘어서는 공간의 확장은 미스에게 감명을 주었다. 특히 게리트 리트벨트Gerrit Rietveld가 표현한 공간에서 보이는 기능의 중첩과 부분들의 건축은 하나의 언어다.
당신이 매우 훌륭한 건축을 할 수 있다면
시인이 될 수 있다.

명확성은 미스의 건축에 큰 영향을 미쳤다.

　미스는 다른 유럽 건축가들처럼 프랭크 로이드 라이트Frank Lloyd Wright의 미국적인 프레리 스타일Prairie Style의 (실외 환경을 둘러싸며 배치된 여러 방들이 자유롭게 흐르듯이 열린 공간으로 배치된) 평면에 매료되었다. 건축가 아돌프 로스Adolf Loos의 장식의 근절, 표면적인 것의 탈피, 꾸밈없지만 풍부한 재료들의 사용, 작가의 개성적 표현을 절제한 고결함, 공학적 구조와 기계의 자유로운 실용정신은 미스에게 공감을 안겨주었다. 미스의 개성적인 주장은 이성적으로 완벽한 방법이라기보다 특별한 스타일과 태도 그리고 개인적인 작업과정으로 이해된다. 1953년에 작업한 컨벤션 홀은 그러한 사실을 충분히 증명한다. 이 건축물은 기능적으로 잘 정리된 공간은 아니었다. 하나의 단일하고 거대한 공간은 숨 막힐 만큼 웅장하고 자유롭게 이용될 수 있었으나 다양한 이벤트와 잘 어울리는 것은 아니었다. 구축적인 면에서 합리성을 보여주는 거대한 전시물이었다. 스케일 측면에서 웅장한 만큼 형태적 측면에서 축소하고 단순화하는 것은 필연적인 선택이었다. 결과적으로 그는 비이성적으로 보이는 감각적 작품을 만들었다. 그것은 미스만의 예술 작업이었다. 과거로부터 이어진 논리는 없었다. 그는 자신만의 가장 인상적인 장점을 증명했고 그로피우스의 추천으로 바우하우스 교장이 되었다.

바우하우스 교장으로서의 건축가

미스 반 데어 로에의 교육은 실무적인 교육에서 훨씬 더 나아갔다. 미스는 "나는 워크숍과 학교를 원하지 않는다" "나는 학교만을 원한다"고 주장하며, 교과과정을 수정하여 바우하우스를 건축학교로 바꾸었다. 그 결과 순수예술 분야의 교육자들의 지탄을 받아 분란이 이어졌다. 전임자 마이어의 지지자들은 후임자 미스의 임명을 비판했지만, 미스는 가난한 사람들의 주거를 위한 건축을 해야 할 때에도 부자들을 위한 호화주택만을 지었다고 바우하우스의 정치성을 비판했다. 그는 신속하게 반대자들을 축출하여 문제를 해결했다. 미스는 공식적인 학교 안내서에 (정치적으로 격동의 시기였음에도) 어떠한 정당의 정치적 색깔도 띄어서는 안 된다고 소개했다. 그러나 바우하우스는 결국 나치 정권의 탄압의 희생양이 되었다. 세 번째 교장 미스의 노력은 데사우 바우하우스를 살리기에 충분하지 않았다. 1932년 여름, 데사우 바우하우스가 폐교되자 미스는 베를린으로 옮겨 바우하우스를 열었다.

나치체제 아래 베를린에서의 바우하우스 시기는 짧고 충격적이었다. 재정적으로 어려운 상황에서도 미스 반 데어 로에는 독립적인 기관으로 바우하우스를 다시 오픈했지만 당시의 위협적인 정치 상황 아래 교육은 점점 더 어려워졌다. 그리고 1933년 7월, 마스터(교수)들은 바우하우스의 폐교를 두고 투표를 했다. 베를린에서의 기간은 매우 짧았지만 그럼에도 바우하우스의 유산은 아주 오래 남았다. 바우하우스의 신념을 가진 학생, 교수 그리고 아이디어가 전세계로 확산되어 신화화되었다. 설립자 발터 그로피우스가 하버드대 건축학부장으로, 미스 반 데어 로에가 일리노이공과대학 건축학부장으로 부임하면서 미국에서 그들의 정신은 분리된 세계를 가로질러 널리 퍼져나갔다. 미스는 관리자로서는 소질이 없었으나 위대한 선생이었음에는 틀림없다.

철학으로서의 건축

1933년 바우하우스가 나치에 의해 강제로 폐교되자 1938년 미스는 미국으로 이민을 가게 된다. 이민 이후 그의 건축작업은 매우 광범위하게 발전하여 자신만의 현대적인 형태를 구상하게 된다. 기존의 건축 형태를 뛰어넘어 새로운 건축을 구축하는 것은 쉽지 않았다. 자신이 가장 선호하던 구축의 방식, 재료와 구성의 감수성을 뛰어넘어야 했다. 이러한 미니멀리스트 환원주의적 작업방식은 현대 예술의 표현 방향과도 잘 어울렸다. 미스가 생각하는 건축적 윤리와 아름다움에 대한 가치판단에 의해 부여된 믿음이었다.

분명히 미스의 시대는 그 이전과는 다른 분위기였다. 과거의 선입견에 대한 반성이 있었다. 20세기 후반에 일어난 건축적 상황과 실망은 예술에 있어 반드시 이루어져야 할 것들에 대한 만족과 해결의 과정이었다. "아름다움은 진실의 향기"라는 아우구스투스의 말처럼, 미스도 비슷한 언명과 확신을 드러냈다. 그러한 당시의 사회문화적 의식이 잘 알려지지는 않았으나, 많은 부분에서 건축적 자극이 되었다. 아방가르드적 작업과 성취는 다원주의적 경향으로 피할 수 없는 길을 열어놓았다. 모더니즘 이후에는 이전의 영웅적·기념비적 작업보다는 자기 확신에 의하여 구축되는 개인적인 경향들이 자리 잡았다. 더 쉽고 자유롭고 더 올바른 방향으로의 발전이었다.

이러한 분위기는 미스의 건축을 더욱 풍부하게 만들었고 미학적으로 훌륭한 건축 형태를 탄생시켰다. 그러한 작품은 오늘날에도 여전히 반복적으로 차용된다. 미스의 미학적 간결성과 완결성을 동경하거나, 혹은 우리 시대의 건축과 이질적이라는 판단으로 배제하거나 상관없이 미스는 예술적으로 매우 확고한 성과를 획득했다. 그의 건축은 역사적으로 정형적인 요소를 가지고 있지 않으며 사회적으로 연관된 내용도 담고 있지 않다는 점에서 비판받기도 한다. 그는 예술성이 완전히 배제되고 삭제된 공간에 지각 가능한 공허와 비어있음을 완성했다. 이러한 경향은 '예술로 채우기 위한 비어있음'을 강조하는 예술을 완성했다.

미스는 그의 건축 작품을 여분의 공간으로 구축한다. 그리고 가능한 많은 미묘함, 우아함, 확고한 결정 사이에 가장 강력한 부분을 얻고자 한다. 이는 그가 건축물에서 어떠한 과도함도 남기지 않으며 실질적으로는 궁극적인 의미와 생각을 담고자 한 결과였다. 미스의 이러한 경향은 근본적으로 건축을 역설적인 대상으로 결정했다. 마치 건축을 철학으로 이끌고 가려는 의도를 보여주는 듯하다. 미스는 다른 어떠한 건축가들보다도 철학자로서의 정신을 스스로 종합하여 그 자신의 언명에 담고자 했다. 그의 작품은 건축물, 시스템, 실재하는 공간과 미학적 결과라기보다 그의 철학적 사고를 객관화한 결과였다.

미스는 루이스 칸Louis Kahn과 마찬가지로 형태가 기능을 따라야만 한다는 것에 반대했는데, 이것은 건물의 기능적 용도는 바뀔 수 있지만 형태는 일단 지어지면 건물 그 자체가 서있는 한 오랫동안 존재한다고 생각했기 때문이다. 다른 위대한 건축가와 마찬가지로 그는 우리 시대의 가치와 열망을 가장 잘 표현한다고 믿었던 형태에는 관심이 없었다. 그는 시인의 창조적이고 해석적인 이해력으로 작품을 만든 합리주의자였다.

Ludwig Mies van der Rohe

바르셀로나 파빌리온, 바르셀로나, 1929

적을수록 더 좋다, 바르셀로나 파빌리온

1950년대의 건축가와 비평가들은 미스의 건축이 가진 구조에 열광했다. 미스의 구조는 건축물의 내용을 증류하여 완전한 정수를 뽑아냈다. 건축 구조를 통해서 그는 건축의 추상화를 합리적으로 도출했다. 그의 구조는 과거의 구조를 넘어섰으며 새로운 지평을 가능하게 만들었다. 거대하고 집합적인 건축물을 실현했으며 그 결과 브릭 컨트리 하우스와 바르셀로나 파빌리온에서 볼 수 있는 섬세한 미학적 건축 구조체를 실현했다. 미국의 고층 건축물의 구조 시스템과 커튼월, 설비 시스템을 가능하게 했다. 또한 건축적 의미와 연관된 예술적 표현과 상징을 넘어 추상화된 디테일을 완성했다.

1929년 개최된 바르셀로나 세계박람회 독일관에서 미스는 신비로운 천상의 결과물을 만들고자 했다. 그 결과가 바르셀로나 파빌리온이다. "적을수록 더 좋다"는 명언을 남긴 건축가답게 바르셀로나 파빌리온을 통해 미스는 물성을 언급한 가장 위대한 건축가가 되었다.

바르셀로나 파빌리온은 유럽 건축에서 미스의 위상을 확고히 해주었다. 이 작품은 길고 짧은 선들이 교차하며 내외부의 공간과 벽체를 열고 닫는다. 선들은 벽체와 유리가 되고 서로 이어져 통일된 공간을 하나로 묶는다. 이 간결한 평면과 형태, 구조와 재료는 물성을 통해 매우 분명하고 진실하게 표현된다. 어떠한 장식과 덧붙임 없이 제거된 완전히 미니멀한 물체들이 건축을 완성한다.

더 세심하게 연구하고 디자인한 것은 주택이었다. 주거 공간 디자인은 미스를 성숙하게 만들었고 미스의 건축에서 디자인 프로세스의 증거를 확인할 수 있는 길이다. 그는 수많은 재료와 형태 그리고 공간을 실험했다. 알려진 사실과 달리 프리드리히 스트라세 빌딩 글래스 스카이스크래퍼에서 미스는 구조적인 완성보다도 평면의 구성과 단순성에 몰입했다. 많은 이론가들이 미스를 구조적 개념과 연결시켜 이해했지만, 미스는 실제로 주변의 컨텍스트와 재료에 더 몰두했다.

이 시기에 미스는 모더니즘 건축의 개념과 디자인 방법을 구축할 수 있었다. 주변과 구별된 자신만의 방식으로 간결하고 완성된 기술과 재료 그리고 형태와 공간을 재구성할 수 있었기 때문이었다.

캠퍼스 디자인과 시그램 빌딩

1938년 미스 반 데어 로에는 시카고 아머 공과대학Armour Institute*의 건축학부 학장으로서 영향력 있는 건축교육 프로그램을 만들었다. 그는 캠퍼스에 온 정신을 쏟아 작업했다. 그 작업은 20세기 후반의 건축적 외향을 정의하는 아이디어를 다시 정립했다.

1941년, 미스는 대학이 요구하는 새로운 캠퍼스를 위하여 마스터플랜을 작성했다. 20여 개 건물이 1939년에서 1959년 사이에 디자인되었는데, 그의 실험적인 작업방식이 잘 드러난다. 광물과 금속 연구동은 L형 빔을 사용했다. 한편 동창회관은 톱니모양의 코너 부분을 가지고 있다. 결과적으로 건축물의 피복과 뼈대 구조를 강조한다. 두 건축물은 미스의 후반기 작품의 특징을 보여준다. 블록과 유리로 만들어진 이 고층건물은

* 일리노이 공과대학(IIT)의 전신

건축은 시대의 역사를 기술하고
그 시대의 이름을 부여했다.

일리노이 공과대학 크라운 홀, 시카고, 1956

Ludwig Mies van der Rohe

세계적으로 널리 알려진 기숙사 중 하나다.

뉴욕 52번가와 53번가 사이, 157m 높이의 시그램 빌딩Seagram Building은 시각적으로 바우하우스 아이디어의 확장을 가장 잘 보여준다. 미스가 학교를 닫은 지 25년 후에 완성된 시그램 빌딩은 바우하우스의 미학을 매혹적인 모더니즘으로 재탄생시킨 결과물이다.

이 초고층 빌딩은 위스키 제조회사 시그램을 위해 디자인되었는데 전통적인 석재와 벽돌을 포기하고 유리와 브론즈를 통해 강력한 아름다움을 더했다. 시그램 대표이사의 딸 필리스 램버트는 아버지에게 애원하여 최고의 건축물을 미스에게 의뢰하도록 했다. 동시에 이 사회의 향상을 위한 희망을 표현하고자 하였다. 그녀의 노력으로 이 빌딩은 전세계 수많은 도시에 디자인적 영감이 되었고, 〈뉴욕 타임스〉에 "뉴욕에서 가장 많이 카피된 건물" 중 하나로 묘사되었다.

외관은 바우하우스의 건축 이론을 효과적으로 제시하였으나, 시그램 빌딩의 입면은 그 이상으로 매혹적이며 환상적이다. 콘크리트로 덮은 강철 구조물은 시선으로부터 감춰져 있다. 반면 건물 아래, 브론즈 구조물은 기능 없이 장식으로 디자인되었다. 로비의 벽체를 위해 사용된 대리석에서부터 핑크 화강암 플라자는 특별하고 잘 조성된 화려함을 전달한다. 창의 블라인드는 특별히 디자인되었고 세 가지 방식으로 작동했는데, 미학적으로 적절한 위치에 설치되었다. 공사비용이 당시 금액으로 4천만 달러에 육박하였고, 건물이 완공되자 세계에서 가장 비싼 상업적인 건물이 되었다.

건축은 공간으로 번역된 시대의 의지다.

시그램 빌딩, 뉴욕, 1958

Ludwig Mies van der Rohe

미스는 디자인 과정에서 주변 거리를 종이 모델로 제작하여 공사전에 다양한 관점들을 판단하는 데 사용하고 건물이 가진 여러 효과를 고려하였다. 대지의 전체 공간을 사용하기보다는 공공공간으로써, 그는 공용 플라자를 도입했다. 초고층 빌딩의 바다에서, 이러한 인간적인 유예공간은 이후 수년간 도시 공간에 관한 논의에 어마어마한 영향을 끼쳤다. 그가 말했듯이, "우리는 정글에서 살아야 한다는 의미를 생각해야만 한다. 그리고 아마도 우리는 그것 때문에 잘 살 수 있다." 시그램 빌딩 덕분에 바우하우스 건축의 미학을 세계 어디에서도 발견할 수 있게 되었다.

철과 유리의 근대건축 거장

미국에서 건축가로 활동한 30년간 그는 20세기의 새로운 건축에 대한 자신의 목표를 달성하는 데 있어 좀 더 일관되고 성숙한 접근을 보여준다. 그는 크고 개방적인 유니버셜 공간을 대량생산된 강철과 유리로 만든 질서정연한 구조적 뼈대로 둘러싸는 데 초점을 두었다. 그 결과, 건축을 형이상학과 철학, 시(詩)의 위치로 올려놓았다고 평가되며, 르코르뷔지에와 프랭크 로이드 라이트와 함께 근대건축 3대 거장으로 불린다. 그리고 철과 유리라는 재료를 사용하는 방법을 정립한 것도 그의 빼놓을 수 없는 업적이다.

"다루려는 재료를 완전히 이해할 때까지
어떠한 디자인도 불가능하다.

베를린 신국립 미술관, 베를린, 1968

Ludwig Mies van der Rohe

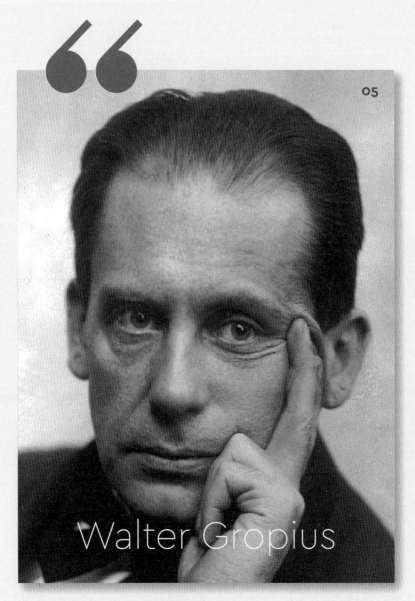

05

Walter Gropius

발터 그로피우스

독일 베를린 1883 ~ 미국 보스턴 1969

데사우 바우하우스, 독일 데사우, 1925

관계와 협력을 중시한 바우하우스 창립자

바우하우스 창립자로 유명한 그로피우스는 건축가 가문 출신이다. 아버지 발터 아돌프 그로피우스Walter Adolph Gropius는 베를린의 예술 아카데미 교장을 역임했고 삼촌 마틴 그로피우스는 베를린 공예 박물관의 건축가이자 카를 프리드리히 싱켈Karl Friedrich Schinkel의 추종자였다.

뮌헨과 베를린에서 건축을 공부한 그로피우스는 1907년 페터 베렌스Peter Behrens의 사무실에 들어가 미스 반 데어 로에, 르코르뷔지에, 디트리히 막스Dietrich Marcks와 함께 일했다. 당시 베렌스는 AEG 터빈 공장 공사에 참여하고 있었는데 이는 추후 그로피우스가 독립해 파구스 공장Fagus Factory을 지을 때 고전적인 양식을 배제하고 근대적인 재료와 기술을 기초로 하는 그의 건축에 영향을 미친다. 이러한 새로운 조형 양식은 '국제 건축'의 개념을 정립하는 시발점이 되었다.

그로피우스는 휴양지에서 만난 여인과 사랑에 빠지는데, 불행히도 그녀는 작곡가 구스타프 말러Gustav Mahler의 아내 알마 말러Alma Mahler였다. 말러보다 유명한 건축가가 되어야 그녀와 결혼할 수 있다는 것이 그로피우스의 동력이 되었다. 결국 말러가 사망한 뒤 그로피우스는 1915년 알마와 결혼한다. 이듬해 둘 사이에 딸이 태어났으나 18세의 나이에 소아마비로 사망하고 만다. 1920년 알마와의 짧은 결혼생활을 마치고 이후 1923년 이세 프랑크Ise Frank와 결혼해 죽을 때까지 함께한다.

대표작으로 파구스 공장1911, 데사우 바우하우스1925 등이 있다.

새로운 건축과 바우하우스

그로피우스는 1910년에 자신의 사무실을 열었다. 1911년 아돌프 마이어Adolf Meyer와 함께 설계한 독일 알펠트에 있는 파구스 공장은 그의 주요작품이다. 그들은 함께 선구적 모더니즘 건축 중 하나인 파구스 공장에서 새로운 도전을 실현했다. 그로피우스와 마이어는 외관만 디자인했지만, 이 건물의 유리 커튼월*은 '형태가 기능을 반영하는' 모더니즘의 원칙과 환경적인 조건에 대한 그로피우스의 관심을 보여주었다. 이 공장은 현재 유럽 모더니즘의 기념비적인 작품 중 하나로 여겨진다.

1913년 그로피우스는 '산업 건물의 개발'에 관한 기사를 발표했다. 여기에는 북미의 공장과 곡물 엘리베이터 사진이 약 12장 포함되었다. 매우 영향력 있는 이 기사의 내용은 르코르뷔지에, 에리히 멘델존Erich Mendelsohn을 포함한 유럽 모더니스트들에게 큰 영향을 미쳤다. 두 사람 모두 1920년대에 그로피우스의 곡물 엘리베이터 사진을 다시 사용했다. 1914년 그로피우스는 쾰른에서 열릴 독일공작연맹**의 전시회를 위해 모델 공장과 사무실 건물을 설계했는데 행정동의 중심부와 지붕선을 보면 프랭크 로이드 라이트의 영향을 받은 것을 볼 수 있다.

발터 그로피우스는 1차 세계대전 시기를 겪으면서 다가올 시대의 지성적 변화의 요구를 느꼈다고 그의 책《새로운 건축과 바우하우스》New Architecture and the Bauhaus, 1935에 썼다. 그로피우스는 전후세계를 재건

* 칸막이 구실만 하고 하중을 지지하지 아니하는 바깥 유리로 된 벽
** 1907년 독일의 건축가 헤르만 무테지우스를 중심으로 '디자인은 용도에 맞게'라는 기치 아래 뮌헨에서 결성된 독일의 근대 미술 및 예술연맹 단체

하는 운동에 참여했다. 1919년, 오래된 형태들은 폐허 속으로 사라졌다고 선언했다. 과거의 인간 정신을 현재에 적용하는 일은 틀렸음이 밝혀졌고, 새로운 형태를 향한 변화의 물결이 온다고 했다. 그로피우스에게 있어서 새로운 형태는 다음 해 세워진 바우하우스였다.

그로피우스는 예술공예학교와 순수예술 아카데미를 통합하여 국립 바이마르 바우하우스Staatliches Bauhaus in Weimar를 1919년 4월 오픈했다. 바우하우스Bauhaus라는 이름은 중세 건축장인조합인 바우휘테Bauhütte를 연상시킨다. 바우휘테는 중세 길드의 공방, 도제, 학습을 통해 장인이 되는 곳이었다. 이곳은 다양한 수준의 건축가, 조각가, 공예작가들이 함께 예술정신으로 모일 수 있는 장소였다. 이와 비슷하게 바우하우스의 마스터(교수)들은 독립적으로 작업하거나 학생들과 공동작업을 하거나 나아가 공동의 조직을 만들기도 했다. 여기서 그로피우스의 역할은 젊은 학생들의 희망과 요구에 직접 대응하는 것이었다. 바이마르 바우하우스는 창조적 작가들의 공동체적 작업방식을 약속했다. 오래되고 낡은 관습을 대신할 새로운 교육방식, 그리고 수공예 작업으로의 회귀이자 미래의 창조적 통합이라는 비전을 제시했다.

데사우 바우하우스

바우하우스는 강의실 건물, 작업공방, 기숙사 세 부분으로 구성되었다. 각 영역은 날개 부분에 개별적으로 수용하여 서로 기능적으로 분리하고자 했다. 바우하우스의 개방적이고 동적인 형태는 주 날개 부분을 연결

해주는 브리지bridge와 건물의 전체적인 형태 즉 매스mass*에 의하여 강조되었다.

강의실 건물과 작업공방은 진입로 상부를 가로지르는 브리지로 연결되어 있으며, 이 브리지 부분에는 행정실과 건축학과가 들어서 있다. 강의동과 작업공방, 기숙사는 집회실과 식당이 있는 낮은 건물을 통해 연결되었다. 그 결과 바우하우스 건물은 그로피우스가 남긴 "축에 의한 대칭형태의 공허한 속임수는 자유로운 비대칭적인 군집이 갖는 생생하고 율동적인 평형상태로 배치되었다"는 말과 일치하게 되었다.

외벽은 배후의 내부공간의 기능을 나타내기 위해 다양하게 처리되었다. 강의동과 행정실은 연속된 띠창으로, 작업공방은 연속된 유리 커튼월로, 학생기숙사는 돌출 발코니가 부착된 개별 출입부로 처리되었다. 어느 곳에서든지 벽은 철근 콘크리트로 골조를 에워싸고 있는 얇은 피막으로 마감된다. 투명성과 반사의 환상적인 효과는 작업공방의 커다란 유리 커튼월에 의해 만들어진다.

스위스 건축가 지그프리드 기디온Sigfried Giedion은 이 건물을 피카소가 그린 입체파 회화에 비교하였다. 피카소의 그림에는 인간 얼굴이라는 단일한 오브제의 양쪽 얼굴이 동시에 보인다. 바우하우스도 이와 비슷하게 작업공방동 모서리의 비물질적 처리가 이 건물의 양면과 내외부를 동시에 보게 한다.

발터 그로피우스는 바우하우스와 직결된다. 비전을 가진 설립자이자

* 건축물의 크기 혹은 물리적 부피를 의미하며 문맥에 따라서 건축물의 실제 형태와 공간적 구조를 의미하기도 한다.

Walter Gropius

바우하우스는 모방, 저급한 공예정신과
예술적 딜레탕티즘과 싸웠다.

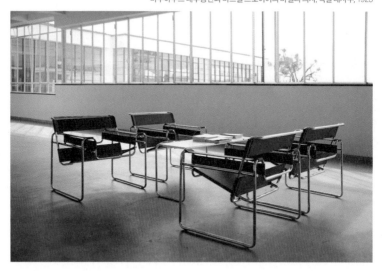

지칠 줄 모르는 옹호자로, 또한 결과적으로 근대건축운동의 중심에 서게 된다. 데사우의 바우하우스를 건축하면서 비전을 제시한 그로피우스는 1928년, 악화되는 정치적 여건 상황에서 바우하우스를 떠났다. 후임으로 하네스 마이어 Hannes Meyer가 교장이 되었다.

그로피우스의 바우하우스 옹호는 《새로운 건축과 바우하우스》라는 책에서 그리고 1938년 뉴욕현대미술관 MOMA에서 열린 '바우하우스 1919~1928' 전시를 통해 지속되었다. 결과적으로 그로피우스의 비전은 그의 계승자들의 노력으로 유명해졌다.

그로피우스는 《새로운 건축과 바우하우스》에서, 워크숍은 공동작업을 위한 준비과정의 가장 중요한 부분이라고 언급했다. 학생은 원칙적으로 6개월간의 예비과정 즉 보르쿠스 Vorkurs 과정을 마친 후, 워크숍의 도제가 된다. 바이마르 시기의 워크숍은 도자, 인쇄, 섬유, 벽화가 포함되었다. 각 워크숍은 두 명의 마스터가 맡았다. 조형을 맡는 마스터와 기술적인 부분을 맡는 마스터로 각각 예술가, 작업 마스터로 구분된다. 그로피우스에 의하면, 이러한 혁신은 다가올 세대에 창조적인 작업의 모든 조형을 통합할 것이라고 했다. 이러한 교육과정은 유럽과 미국의 예술 교육의 바탕이 되었다.

그로피우스의 교육과정에서 학생은 실무작업을 통해서 배웠다. 가장 최신의 작품들을 얻기 위하여 실질적인 새로운 디자인을 만들어내고 대량생산을 위한 모델을 발전시켰다. 워크숍은 바우하우스의 운영에 기여했다. 인쇄 워크숍은 재정적으로 성공할 수 없다는 것이 드러났고 데사우로 바우하우스를 옮기면서 제외되었다. 바우하우스 기간 내내 일어난

단 하나의 변화였다. 종종 다른 변화가 워크숍 내에서 일어났다. 금속 워크숍에서는 값비싼 재료로 작업하던 것을 대량생산 가능한 재료로 조명을 디자인했다. 바우하우스에서는 금속, 기구, 벽화 워크숍을 하나로 묶어 인테리어 디자인을 진행했으며 새로운 주제들도 소개되었다. 사진 워크숍이 공식적으로 1929년 광고 워크숍에 통합되었다. 이러한 변화는 (루드비히 미스 반 데어 로에로 하여금) 바우하우스 방향을 건축학교로 바꾸어놓게 된다.

종합예술로 다시 태어난 건축

19세기에 시작된 종합예술이라는 개념은 새로운 사고였고 그로피우스를 통해 알려졌다. 독일 철학자 트란도르프Karl Friedrich Eusebius Trahndorff에 의해 사용된 이 단어는, 그로피우스가 "미래의 새로운 구조는 건축과 조각과 회화를 하나의 통합체로 끌어안은 종합예술로서의 건축으로 나타난다"고 바우하우스 선언문에서 밝힌 것과 연관된다. 그러한 이상은 초기에 바우하우스에서 디자인하고 건축한 조머펠트 하우스Sommerfeld House 와 암 호른 하우스Haus am Horn 와 같은 프로젝트 그리고 데사우의 바우하우스 건축에서 나타났다. 이 건물은 가구, 벽화, 조명 그리고 다양한 분야의 작업을 통합하여 건축적 지위를 고양시켰다.

  그로피우스의 바이마르 사무실은 큐브로 디자인되었다. 암체어, 소파뿐 아니라 게르트루트 아른트Gertrud Arndt 가 디자인한 카펫 디자인에서도 큐브를 볼 수 있다. 그로피우스가 디자인한 잡지 보관대와 조명 디자인에도 큐브가 보인다. 파티션과 매달린 천장은 사무실의 공간 그 자체

"
건축 속에서 조각, 회화, 공예 등 모든 장르가 통합되어야 한다.
건축 속에서 여러 예술을 통합함으로써
사라진 총체예술을 복원해야 한다.

그로피우스 하우스, 미국 링컨, 1938

Walter Gropius

로 큐브를 만들기 위해 사용되었다. 의자는 레몬옐로 컬러로 마감되었는데 이는 천장의 밝은 옐로와 상응한다. 모든 요소는 서로 통합되어 작용한다. 서로 다른 바우하우스의 워크숍에서 작업한 오브제들을 사용한 그로피우스의 사무실은 종합예술을 대변한다.

하버드대학 교수 시절

그로피우스와 그의 부인 이세 그로피우스는 1937년 2월 미국으로 떠나, 그해 하버드대학 건축과 교수가 되었다. 그는 건축과 교수로 재직한 15년 동안 세계 각국에서 학생들을 끌어 모았다.

1938년에 지은 그의 집은 단순성, 경제성 및 미적 아름다움을 지니고 있었으며 현대건축의 특성을 구현했다. 그는 집을 디자인할 때 바우하우스의 방식을 사용했다. 매사추세츠 링컨에 지은 그로피우스 하우스는 미국에 국제 모더니즘을 가져오는 데 영향을 미쳤지만 그로피우스는 그러한 용어를 싫어했다. 바우하우스 철학을 염두에 두고 집과 주변 경관의 모든 측면을 고려해 최대한 효율적이고 단순하게 설계했다. 그로피우스의 집은 큰 반응을 얻었으며 2000년에 국가 랜드마크로 지정되었다.

그로피우스는 1938년에 건축대학원장으로 임명되었다. 작품 활동에 있어서는 마르셀 브로이어와 동업하였으며 1945년에는 TAC 건축가 연합을 창립해서 젊은 건축가들과 함께 일했다. 유럽과 미국에서 건축교육가로서의 그의 역할은 아무리 강조해도 지나치지 않다. 그로피우스는 세계 곳곳에서 건축의 변화를 이끈 이오밍 페이Ieoh Ming Pei, 해리 자이들러Harry Seidler, 필립 존슨Philip Johnson을 길러냈다.

그는 분명히 현대건축의 거장에 속한다. 건축과 산업 디자이너인 동시에 영향력 있는 작가였으며 사회비평가이자 국제건축연합CIAM의 공동 창립자였다.

그로피우스는 모방보다는 창조를 독려했다. 1949년 〈뉴욕 타임스〉에서 이렇게 말했다. "우리는 영원히 재현을 재현하기를 반복할 수는 없었다. 또한 중세적 취미도 식민주의도 결코 20세기 인간의 삶을 표현할 수 없었다."

소설가 톰 울프는Tom Wolfe는 저서 《바우하우스에서 우리 주거로》 From Bauhaus to Our House, 1981에서 '백색의 신'White Gods이라는 어휘를 사용했다. 백색의 신은 바우하우스의 마스터(교수) 마르셀 브로이어Marcel Breuer, 요제프 알베르스Josef Albers, 라즐로 모홀로 나기László Moholy-Nagy, 헤르베르트 바이엘Herbert Bayer, 루드비히 미스 반 데어 로에와 '은색 왕자'Silver Prince를 가리키는데, 여기서 (화가인 파울 클레가 붙인 별칭) 은색 왕자가 발터 그로피우스를 의미했다. 이는 그들이 미국의 포스트바우하우스에 도착하면서 얻은 거의 신화적인 지위를 설명하는 데 사용했다.

그로피우스는 1969년 7월 5일 미국 매사추세츠 보스턴에서 86세의 나이에 폐렴으로 사망했다.

프랭크 로이드 라이트

미국 위스콘신 1867 ~ 미국 피닉스 1959

낙수장 피츠버그 남동쪽 계곡 1939

자연을 담은 거장

루이스 설리번, 리처드슨, 라이트는 미국의 건축을 고전주의에서 새로운 세계로 발전시킨 대가로 여겨진다. 라이트의 아버지는 영국 출신이고, 어머니는 웨일즈 출신이지만 라이트는 자신을 항상 진정한 미국인이라고 생각했다.

그는 문학, 철학, 음악을 사랑했고 그가 가진 상상력으로 창조할 수 있는 풍부한 건축물을 세우고자 했다. 그는 자신의 내면과 산업사회의 기술을 하나로 이어주는 모순된 관계를 만들어냈으며 산업적 도구와 방법 그리고 인간의 가치와 자연에 대한 사랑을 하나로 결합시켰다. 이러한 요소들은 이후 그의 작업에서 가장 중요한 요소가 된다.

프랭크 로이드 라이트는 미국의 근대건축에 있어 창의적이고 혁신적인 건축 스타일을 개발하였다. 그의 건축물은 인간과 자연의 조화를 추구하고 새로운 평면과 형태의 가능성을 제시했다. 그의 작품은 미국건축사의 전통을 이어받으며 미국 현대건축에 큰 영향을 끼쳤다.

대표작으로 시카고 로비 하우스1909, 낙수장1939, 뉴욕 구겐하임 미술관1959 등이 있다.

새로운 건축가의 시대

1895년에서 1905년에 이르는 20세기로 접어드는 시기, 미국의 건축은 가장 이상적인 감각과 건축이 나아갈 길을 찾는 중이었다. 이 시기는 건축을 패션과 스타일로 이해하던 시기였다. 구조나 건설 기술과는 관련이 없다고 보았다. 그럼에도 전체 건설산업은 점점 혁명적인 변화를 마주하고 있었다. 새로운 재료가 나타났고 과거의 재료를 다루는 새로운 방식이 고안됐다. 다만 건축은 여전히 새로운 재료를 사용하는 데 미숙했다. 1893년 시카고 만국박람회는 하나의 중요한 전환기를 만든다. 미국 시카고학파의 유명한 건축가 루이스 설리번Louis Sullivan은 이 박람회에서 미국 건축 50년을 기리고, 시카고학파의 또 다른 건축가이자 도시계획가인 다니엘 번햄Daniel Hadson Burnham은 미국이 원하는 건축이 무엇인가를 보여주고자 했다. 이 박람회는 미국의 건축에 큰 영향을 끼쳤다. 미국인들은 처음으로 거대한 스케일의 고전적 작품을 보게 되었고 젊은 건축가들은 새로운 방향을 모색하기 시작했다. 설리번과 번햄의 시대에서 새로운 건축가들의 시대로 옮겨가고 있었다. 라이트는 새로운 건축가들의 선두주자였다. 1894년에 프랭크 로이드 라이트는 개인사무소를 오픈했다. 그가 설리번 사무실에서 일한 지 7년이 되는 해였다.

건축가로서의 도약

라이트는 자신이 무엇을 할지 결정한 데는 어머니의 영향이 컸다고 말한다. 어머니가 자신을 훌륭한 건축가로 성장시켰다는 것이다. 그의 어머니는 라이트가 유년 시절, 자연의 아름다움에 둘러싸여 있도록 했고 프뢰벨

유치원 교육을 받도록 했다. 라이트가 드로잉과 디자인에 관심과 재능이 있다는 것을 알게 된 그의 어머니는 그에게 다음 단계의 교육을 진행했다. 프랭크 로이드 라이트가 어린 시절 경험한 자연과 학습에 대한 깊은 가치와 추억은 자연 속에 지어진 프레리 하우스, 낙수장과 같은 건축에 고스란히 나타났다.

그는 위스콘신 공과대학에 입학하지만 만족하지 못하고 얼마 지나지 않아 시카고로 가서 수많은 건축물이 부서지고 새로운 기둥과 벽체로 다시 세워지는 과정을 보았다. 그는 시카고의 한 건축회사에 일자리를 얻었고, 1888년 루이스 설리번 사무실에서 일하게 되었다. 7년간 아들러와 설리번의 사무실에서 일하다가 사무실을 나와 개인사무소를 열었다. 그는 첫 클라이언트로 일리노이에서 장식철물과 건축자재를 생산하던 윌리엄 윈슬로를 만나 일리노이주 리버포레스트에 윈슬로 하우스 Winslow House를 지었다. 윈슬로 하우스는 라이트의 초기 프레리 하우스 Prairie House*로써 미국 중서부 대평원의 자연지형에 영감을 받아 낮고 넓은 저택의 평면으로 디자인되었다. 중앙에 벽난로와 양쪽에 숨겨진 거실 그리고 뒤쪽에 계단이 있고 2층에는 침실이 있는 디자인이었다.

대부분의 건축가, 역사가 및 학자들은 라이트가 주변환경으로부터 영향을 받았다는 데 동의한다. 그는 루이스 설리번과 자연, 특히 식물의 형

---

* 프랭크 로이드 라이트가 디자인한 20세기 미국 중산층 가정에 적합한 전원 주거양식. 높은 지붕, 넓고 평활한 수평 띠, 대형 창문이 특징이며 자연환경과 조화로울 수 있는 자연 재료와 색채를 사용하였다.

태 및 색상, 자연의 패턴, 그리고 음악 특히 베토벤에게 영향을 받았다. 또한 일본의 판화 및 건물에서 영감을 얻었다.

일본 근대건축의 아버지로 알려진 체코 태생의 건축가 안토닌 레이몬드Antonin Raymond는 탈리에신에서 라이트를 위해 일했으며 도쿄에 있는 임페리얼 호텔의 건축을 이끌었다. 이후 그는 일본에 머물면서 자신의 건축을 시작했다. 루돌프 쉰들러Rudolf Schindler도 임페리얼 호텔에서 라이트를 위해 일했다. 그의 작품은 라이트의 유소니언 주택*에 영향을 끼친 것으로 알려졌다.

라이트는 개방적인 주거공간을 개발했다. 주부가 일하는 공간을 '작업 공간'이라고 불렀다. 전통적인 키친으로 아이들이 무엇을 하는지 확인할 수 있고 다이닝룸의 손님들을 시각적으로 확인 가능했다. 프레리 하우스에서와 같이, 유소니안 주택의 거실 중심에 벽난로를 설치했다. 침실, 작고 사적인 거실, 방을 구분하는 대신 통합된 공간으로 확대한 것은 특별한 고안이었다. 또 라이트의 초기 작업에 영향을 준 예술 공예 운동의 원칙과 관련된 가구가 설치되었다. 유소니언 주택은 독립적인 생활을 위한 새로운 모델을 제시했다. 상대적으로 저렴한 비용으로 건설된 라이트의 유소니언 주택은 수많은 2차대전 후 주택 개발자들에게 많은 영향을 끼쳤다. 현대의 미국 가정의 많은 기능과 주거 디자인은 라이트로 거슬러 올라간다.

* 일반적으로 프랭크 로이드 라이트가 설계한 1930년대의 미국 중산층 주택을 부르는 이름이다. 미국 서부 주택을 기원으로 하는 미국의 지형과 풍토에 맞는 일반적인 주택 형식을 부르는 이름으로, 정원과 테라스, L형의 주택 건물, 평평한 지붕, 캔틸레버로 구성된다. 차연 채광과 환기, 냉난방을 고려한 주택으로 외부공간과 내부공간이 시각적으로 열려있다.

프레리 양식과 재료

1900년 라이트는 자신의 설계사무소를 연 뒤 소위 전원주택 프레리 하우스를 설계하기 시작했는데 이중 하이랜드파크의 윌리츠 하우스Willits House와 시카고의 로비 하우스Robie House가 가장 대표적이다. 그러나 거의 같은 시기에 그는 상자곽 같은 모양의 콘크리트조 공공건물에 관심을 보이기 시작했다. 버팔로의 라킨 빌딩Larkin Building과 오크파크의 유니티 교회가 그 예다.

프레리 하우스는 최근까지도 라이트가 디자인한 전형적인 전원 주거 디자인으로 여겨졌다. 이 집은 그가 생각하기에 중서부의 프레리 대평원에 적합한 주거방식이었다. 그러나 라이트 자신은 이 집을 프레리 하우스라 부르지 않았다. 자연스러운 아름다움, 평탄한 층고, 부드럽게 기울어진 지붕, 낮게 깔린 비례, 안정된 스카이라인, 낮은 테라스, 육중한 굴뚝, 밖으로 뻗어나가는 벽체들과 만나는 정원은 그의 주택이 갖는 중요한 특징이다.

넓게 확장된 수평선, 낮은 비례는 대지와 밀접하게 연관되어 있고 다양한 주거 건축의 요소들이 갖는 특징은 이후 라이트의 주거 건축 스타일이 된다. 그러한 외적 특성 이면에서 완전히 새로운 건축 스타일이 만들어지고 있었다. 1893년의 윈슬로 하우스Winslow House에서 발전시킨 새로운 건축 스타일이 나타났다. 평면에 있어서 공간은 더욱 개방되어, 내벽과 출입문은 물론 다른 건축적 요소들에 의하여 공간이 서로 이어지고 분할되었다. 이후에 이러한 평면은 오픈 플랜으로 불리게 된다. 라이트는 건축물과 대지를 하나로 통합하는 디자인을 더욱 발전시켰다.

Frank Lloyd Wright

로비 하우스, 시카고, 1909

라이트는 작업을 진행하면서 점점 더 자연적 재료를 사용하는 데 몰두했다. 그는 당대 건축방식이 자연적 재료를 사용하는 힘을 잃어간다고 보았다. 그 이전 시대에 돌과 벽돌, 나무는 가장 기본적인 건축 재료였다. 이 재료는 이제 그대로 쓰이지 않고 패션이나 감각에 맞추어 가공되어 변모했다. 하지만 라이트는 건축 재료를 처음 있는 그대로 자연적인 상태로 표현하고자 했다. 그는 "나무는 우주에서 인간에게 가장 훌륭한 재료다. 인간은 나무와의 교감을 사랑한다. 손으로 나무를 느끼고 촉감과 시각적으로 느끼고자 한다"고 언급했다. 점점 더 콘크리트, 스틸, 금속판, 유리가 사용되는 상황에서, 그는 하나하나의 재료가 가진 특성과 가능성을 이해하고 이를 건축적으로 적용했고 새로운 형태와 구조, 물성적 표현을 시도했다. 존슨 왁스 사옥, 낙수장, 프라이스 타워, 구겐하임 미술관 등은 이러한 새로운 재료를 활용하고자 하는 노력이었다. 그는 새로운 재료를 사용할 수 있는 자연적 디자인을 찾고자 했다.

그의 수공예적 작업에 공사비는 점점 높아졌다. 결국 라이트 역시 다양한 기계적 제작방식에 접근해갔다. 기계를 예술가가 직접 통제할 수 있는 도구로 사용하고 자신의 디자인을 완성하는 방법에 몰두했다. 생각과 디자인 원리들, 내부공간, 외부형태, 재료와 재료의 구축방식, 주변환경까지 손으로 직접 그려냈다. 라이트는 자신의 건축을 '유기적 건축'이라고 이름 붙였다. 그는 자신의 건축에서 모든 부분은 하나하나 전체와 연관되어 작동하고 전체는 모든 부분과 연관되어 있다고 언급했다. 이것은 연속성과 통합성을 가진다는 의미다. 더 깊이 생각하면 유기적 건축은 그 건축물이 어디에 언제 건축되든지 상관없이 그 시대, 그 장소, 사람

건축은 재료, 구축, 인류를 가로질러
지구를 인간의 것으로 만들어낸 상상력의 승리다.

라킨 빌딩, 뉴욕, 1904

들에게 적합하게 구축된다는 것을 의미한다. 새로운 건축언어를 만들고 사용한다는 것은 훌륭한 건축물을 세우기 위해 건축가가 가이드라인을 만든다는 것이다. 단지 유행이나 자만이 아닌 건축예술을 위한 진정한 도전으로써 시대의 정신을 세우는 일이다.

이러한 라이트의 노력은 라킨 빌딩에서 하나로 통합된다. 이 조각적인 오피스 건물은 30년 후에 유동적이며 유연한 공간과 동선, 곡선으로 이루어진 형태, 빛과 환기, 열린 공간을 가진 존슨 왁스 사옥, 구겐하임 미술관, 낙수장과 같은 후기 작품에서 완성된다. 그의 작품에는 자연, 기술, 재료 그리고 인간의 가치가 항존한다. 그에게 있어 인간적 가치는 가장 중요한 건축요소다. 단순한 주거공간에서 거대한 도시 건축물까지 라이트의 건축물에서 인간은 가장 중요한 주제가 된다.

두 번째 성숙기

1930년대에 들어서 라이트는 자신의 디자인 접근방법을 국제주의 양식에 적용하여 두 번째 성숙기를 맞았다.

미국 피츠버그에 백화점을 소유한 카우프만Kaufmann 부부의 주말 별장으로 지은 낙수장, 즉 폭포 위의 집에서 라이트는 이전부터 전개해왔던 자연과 인간의 완전하고 유기적인 모든 것을 통합했다. 콘크리트의 구조적인 연속성, 신조형주의 형태, 금속과 유리로 처리된 기계미가 풍기는 스크린 같은 벽, 낭만적 고전주의의 명쾌한 기하학적 형태 등이 이 건물에서 반영되고 융합되었다.

디자인의 바탕은 유기적으로 구성된 개방 평면이다. 이 주택은 르코르뷔지에의 빌라 사보아Villa Savoye와 비교될 수 있는데 빌라 사보아에서 합리적으로 해석된 개방 평면이 디자인의 기본이라면, 카우프만 주택에서는 다시 벽난로와 부엌으로 구성된 수직의 블록이 개방적인 평면을 정착시키고 있다. 밑으로 떨어지는 물 위에 집을 세운 것은 매우 뛰어난 효과를 만들어낸다. 자유로이 부유하는 발코니는 자연의 연속으로 보인다. 그러나 긴장되고 질서 잡힌 형태는 그 아래 떨어지는 물로 상징되는 다루기 힘든 자연의 힘과 대조를 이룬다. 실내 공간을 정착시키는 수직 블록에 사용된 자연석에 의해 이 집은 마치 돌산처럼 보인다. 자연석은 모서리가 날카롭게 처리된 발코니와 멋진 대조를 이룬다. 벽난로 아래 거실 바닥에는 자연석이 그대로 노출되어 있는데 이로 인해 별장은 자연환경과 유기적으로 결합시키고자 의도되었음을 다시 한번 드러낸다. 낙수장은 의심의 여지없이 현대건축의 걸작이며 낭만적 자연주의와 함께 시작한 그의 디자인은 여기에서 그 절정을 이룬다.

카우프만 주택이 완성될 즈음 라이트는 존슨 왁스 사옥Johnson Wax Headquater을 설계하기 시작했다. 이 건물은 라이트의 건물 중 부드러운 곡선 형태로 된 첫 작품이었다. 카우프만 주택에 사용되었던 발코니의 띠는 여기에서 벽체의 띠로 변화되어 하나의 통일된 전체를 만든다. 국제주의 양식의 특징으로 긴장감 있게 전개되는 표면은 이 건물에서 아르누보의 영향을 받아 새롭게 해석된다.

상부에서 빛이 들어오는 거대한 개방공간은 사무실 공간이며 이 중심

나는 건축물이 들어설 대지를 보기 전에
건축물을 사용할 사용자를 만나기 전에
절대 디자인하지 않는다.

존슨 왁스 사옥, 라신, 1936

Frank Lloyd Wright

공간을 여러 층으로 분할한 메자닌Mezzanine*에는 중요한 개인 사무실이 들어서 있다.

이 건물에서는 모서리를 전혀 찾아볼 수 없다. 모든 공간은 점진적이고 자연스럽게 다른 공간 속으로 흘러 들어간다. 즉 연속적으로 움직이는 공간이다. 건축이론가 기디온Sigfried Giedion은 우리가 낮은 입구를 통해 들어가게 되어있는 이 거대한 홀이 주는 인상이 신비스러울 정도라고 표현하였다. 내부공간은 어머니의 품처럼 둥글게 부풀어 있어 라이트가 디자인 개념으로 설정한 위대한 평화를 나타낸다. 기디온은 존슨 왁스 사옥을 두고 다음과 같이 말했다. "기둥이나 유리는 하나의 사치일 수도 있지만 일하는 장소인 사무소 건물이 한 번만이라도 시(詩)에 의지하여 말한 적 있던가? 이 홀은 건축적 상상력 속에서 오랫동안 꿈꾸어 왔던 가장 환상적인 것이다."

작품의 절정, 구겐하임 미술관

작품 경력 중 절정으로 여겨지는 건물은 구겐하임 미술관Guggenheim Museum이다. 동시에 이 건물은 라이트의 작품 중 가장 논쟁의 여지가 많은 건물이다. 구겐하임 미술관은 라이트의 마지막 국제주의 양식 작품이다. 상부에서 채광이 되는 단일공간 건물로, 두 개의 기능적인 공간 볼륨과 중앙의 넓은 홀로 계획되었다. 발코니는 완전히 원형이면서 다소 경사지게 처리되었다. 내부의 경사로는 아마도 그의 모리스 상점 건물이나

---

* 건물의 한 층과 위층 사이에 있는 중간층 공간 혹은 라운지 공간을 의미한다. 아래층 전체를 모두 덮지 않고 일부만을 중간층으로 사용한다.

로마 바티칸 박물관의 원형 입구 계단에서 인용해온 요소일 것이다.

라이트는 작품활동의 말년에 들어서면서 건축의 기원으로 돌아가고 싶어했다. 마지막 대작의 설계에 착수하면서 그는 과거의 뛰어난 건축물에 눈을 돌렸다. 라이트를 연구한 건축역사가 안소니 알로프신Anthony Alofsin에 따르면, 말타 신전Malta Temples의 곡선형상, 메소포타미아의 곡선 형태의 지구라트Ziggurat, 이집트 조세르 왕의 피라미드Zoser Pyramid, 사마라의 이슬람교 대사원Samarra Great Mosque의 나선형 미나렛Minaret, 불레Etienne louis Boullee의 아이작 뉴튼을 위한 기념비Cenotoph for Newton를 참고했다고 한다.

라이트는 구겐하임의 완만한 경사로가 관람객의 피로를 덜고 나선형 경사로의 바깥쪽으로 경사진 벽면에 이젤처럼 그림을 전시할 수 있을 것이라 보았다. 그러나 기능적으로 볼 때 이 건물은 커다란 재앙과 같다. 숨을 돌릴 만한 변화가 전혀 없어 관객들은 경사로 위에 계속 서있어야 하며 경사진 띠창을 통해서 들어오는 자연광으로 인해 계속 눈이 부신 상태로 그림을 감상해야 한다. 평평한 그림을 곡선의 벽면에 부착하기도 힘들었다. 또한 이 건물은 기존의 도시 패턴과도 적합하지 않았다. 그럼에도 불구하고 완성되자마자 성공작으로 손꼽히게 되었다.

인간에 대한 열망

라이트의 모든 작업에서 처음부터 끝까지 한 가지 중요한 요소는 변하지 않는다. 그것은 '인간의 가치'다. 그는 종종 그것을 인간성Humanity이라고 믿었다. 모든 건축물의 한가운데에는 언제나 인간성이 배치되었다.

구겐하임 미술관, 뉴욕, 1959

그는 계속해서 더 인간적인 건축을 언급해왔고 그래서 인간이 무엇을 의미하는지 이해하려고 노력했다. 유기적 건축과 마찬가지로 인간의 가치는 인간의 내면에 있었다. 라이트는 세계의 빛이 자연과 세상을 밝히는 것으로 보았다. 그리고 인간에게도 자신의 영혼과 내면을 밝히는 빛이 있다고 여겼다. 그는 인간의 삶에서 이 빛을 확인하는 것이 인간의 진정한 행복이라고 생각했다. 인간 의식에서 이 내면의 빛보다 더 높은 것은 없으며, 그것을 아름다움이라고 불렀다. 그 아름다움은 '인간의 빛' Manlight이다. 라이트는 건축에 인간의 고귀한 빛을 담고자 했다.

1959년 4월 4일 라이트는 복통으로 입원하여 수술을 받았으나 결국 숨을 거두었다. 그의 죽음 후, 라이트가 남긴 수많은 도면과 사진 그리고 건축적 유산은 수년간 소유권 소송에 휘말렸다. 라이트의 유산과 아카이브 대부분은 위스콘신 탈리아신과 아리조나 탈리아신 웨스트의 프랭크 로이드 라이트 재단에 보관되었다. 프랭크 로이드 라이트 재단은 아카이브 유지에 필요한 재정적 부담을 덜고 아카이브의 보존 및 활용을 위해 현대 미술관 및 에이버리 건축예술도서관Avery Architectural and Fine Arts Library과 협약을 맺고 공동으로 관리하게 되었다. 이후 그의 자료는 시카고 아트 인스티튜트의 도서관, 탈리아신 웨스트, 로스앤젤레스의 게티 연구센터Getty Research Center 등에서 보관되고 있다.

Alvar Aalto

알바 알토

핀란드 쿠오르타네 1898 ~ 핀란드 헬싱키 1976

핀란디아 콘서트홀, 헬싱키, 1971

세련되고 지적인 감각의 건축가

휴고 알바 헨릭 알토Hugo Alvar Henrik Aalto는 핀란드의 건축가이자 디자이너다. 줄여서 알바 알토Alvar Aalto로 불린다. 핀란드어를 사용하는 토지 측량사 아버지와 스웨덴어를 사용하는 교사 어머니 사이에서 태어났다. 1916년 헬싱키 공과대학에서 건축을 전공하지만 그의 학업은 내전으로 중단되었다. 그는 대학시절에 첫 번째 건축물을 디자인했는데 알라예르비에 있는 부모님을 위한 집이었다. 1921년 대학을 졸업하고 군대 생활을 마친 알토는 1923년 이위베스퀼레로 돌아와 '알바 알토, 건축가/기념비적 예술가'라는 이름의 사무실을 열었다. 1924년 건축가 아이노 마르시오Aino Marsio와 결혼한 뒤 지중해로 떠난 신혼여행에서 지중해 지역의 문화와 지적인 유대감을 이해했다. 이후 핀란드로 돌아와 여러 공모전에 당선되었고 진보적인 건축가와 함께 협업하기 시작했다. 이후 1833년 헬싱키로 사무실을 이전하고 본격적인 작업을 시작했다.

알바 알토는 건축, 가구, 텍스타일, 유리공예, 조각, 회화에 걸쳐 폭넓게 작업하였다. 그는 자신을 결코 예술가로 여기지 않았다. 자신을 건축가라는 큰 줄기의 부분으로, 회화와 조각 그리고 공예 작업을 하는 사람으로 생각했다. 알토의 초기 경력은 핀란드의 급속한 경제성장과 산업화에 맞물려 발전했다.

대표작으로 파이미오 요양원1933, 비푸리 도서관1935, MIT 베이커 하우스1941, 헬싱키 핀란디아 콘서트홀1976 등이 있다.

해석을 뛰어넘는 디자인

알바 알토는 금세기 중요한 건축가로서 가장 백과사전적인 작품들을 남겼다. 최근 약 55년간 그의 사무실에서 시도한 5,000여 개의 작품에 대한 연구가 이루어졌는데 이러한 기록들을 보면, 그가 제시한 매우 놀라운 공생적 관계의 주거시설과 산업시설을 발견할 수 있다.

많은 디자인에서 알토의 작품은 상상을 뛰어넘는다. 이러한 사실은 그가 선구자적인 건축사례와 독특한 형태의 해결방법들을 제시했음을 보여준다. 그러나 이러한 디자인 방식들이 어떠한 양식적 학풍을 의미하지는 않는다. 비평적인 목적이나 이론적인 프로그램도 거부한다. 이런 생각은 그의 한마디에 함축되어 있다. "나는 지을 뿐이다."

알토는 폭넓게 유럽문화에 교감할 수 있는, 정신적으로 세련되고 지적인 능력을 소유한 건축가라는 점 또한 대중적으로 인정되었다. 그의 디자인이 보여주는 중요한 특징은 인도적인 기능주의다. 이것은 인간의 기능주의가 아니다. 알토는 사람들이 건축물의 내외부공간에서 무엇을 하는가가 아니라, 사람들이 대지의 위치와 환경을 통해 무엇을 경험하고 싶은가를 고려했다.

알토는 건축 활동 초기에 이탈리아와 그리스를 방문하였고 당시 건축답사에 깊이 영향을 받았다. 그는 지중해의 고전적인 건축물의 디자인 방식을 연구했다. 고전적 디자인 방식들을 북반구의 태양 아래에서 체계적으로 실현하고자 했다. 인간과 자연의 관계를 철학하듯이 실현하는 것이자 건축의 고전적 개념의 현대적 재형식화였다. 이러한 태도는 그의 디자인에 지속적으로 새로운 접근방식을 제공했다.

Alvar Aalto

스칸디나비아 모더니즘의 대표 건축가

알토의 고객 중 상당수는 기업가였다. 1920년대부터 1970년대까지 그의 경력은 초기 북유럽 고전주의에서 시작하여 인터내셔널 스타일의 모더니즘 그리고 이후에는 유기적 모더니즘으로 발전했다. 그의 작업과 경력은 종합예술로서 건축에 대한 관심과 열정을 표현한 결과였다. 알토는 아내 아이노 알토Aino Aalto와 함께 건물을 디자인하고 내부 벽체, 가구, 램프, 유리제품, 가구를 디자인했는데 이는 재료에 대한 열정과 연구의 결과였다. 특히 목재를 사용하는 데 있어 단순화와 기술적 실험은 스칸디나비아 모더니즘으로 여겨지는 곡선형의 목재 제품들을 탄생시켰다. 이 제품에 대한 다양한 제작방식은 여전히 알토의 특허로 남아있다.

알토는 많은 유럽 건축의 전통을 해석하고, 20세기의 건축적 문제와 전형적인 상황들에 대해 그의 백과사전적인 지식과 디자인 방식을 적용하는 데 탁월했다. 이러한 사실은 그의 건축적 유형에 대한 관심과 연관되어 있다. 알토는 실제로 노출시킨 강철재료를 사용하지 않았으나 그외에는 거의 모든 건축재료를 사용했다. 건축적으로 볼륨을 배치하는 것을 탐구했고, 벽체와 평면의 솔리드한 재료들의 다의성과 역동성을 전달하고자 했다. 그가 많은 건축물의 표면에서 보여주는 주름의 효과는 알토 건축물이 추구하는 바를 명확히 드러낸다. 태양광을 사용하는 플루팅 Fluting*한 고전적인 기둥에 대한 언급이었다.

알토는 작품에 대한 자신의 디자인 접근방법에 대해 지속적으로 실험

---

* 둥근 기둥 혹은 각기둥에 수직 혹은 사선방향으로 여러 홈을 파서 빛의 효과를 강조하는 방식

했다. 어떠한 프로젝트도 그 디자인 하나만으로 완성되지 않았다. 그의 많은 건축물이 유형학적으로 통합된 전체 디자인의 부서진 파편들로 나타난다. 이러한 특성에 대해서는 다양한 해석이 존재한다. 건축이론가 조지 베어드George Baird는 알토의 이러한 건축디자인이 보여주는 것은 현대적 재료와 산업 디테일이 초래하는 공예적 디자인의 파괴에 대한 혐오였다고 말했다. 알토는 의도적으로 시간적인 마모를 통해 얻게 되는 경험과 결과를 건축에 남기는 방법을 찾고자 했다.

유기적 모더니즘 건축

알토의 작품들은 핀란드가 갖고 있는 특성과 연결된다. 그의 건축에 대해 많은 사람이 관심을 갖는 중요한 특성에는 다음과 같은 것들이 포함된다. 산업적인 경제성, 도시 디자인의 해결과 방식, 도시의 복합시설 프로그램, 전통의 해석, 지속적인 실험, 재료의 물성과 비물질화의 조작, 대지와 통로와 기억의 경험을 위한 디자인, 빛과 자연의 표현, 자연적이고 이성적인 질서, 아름다운 곡선이다.

핀란드 경제에 대한 알토의 기능적인 해석은 핀란드의 목재산업에 근거한다. 그리고 핀란드와 러시아 간의 전쟁 이후 남부로의 인구이동은 산업과 주거지의 발전을 요구했다. 산업 주거지 계획, 도시 센터 등과 같이, 알토의 도시 디자인은 현대적 생활의 개념으로부터 비롯되었다. 알토의 계획적인 사고들은 이미 그의 유명한 건축물과 도시에 살아있다. 1980년대 후반 여러 건축가들은 이러한 디자인의 문제해결과 독창성들을 재발견하였다.

알바 알토가 남긴 유명한 건축물 비푸리 도서관은 원래 공모전에서 고전적인 형태의 건축을 요구했던 작품이지만 모더니즘 건축물로 완성되었다. 알토의 인본주의적 접근방식은 도서관에서 완벽한 결과를 보여주는데 내부는 자연 소재, 따뜻한 색상, 물결치는 선으로 표현했다. 이러한 재료와 형태의 표현은 그 공간에 있는 사용자에게 매우 편안한 경험을 제공했다. 그중 하나가 천창이다. 천장에 뒤집힌 원뿔 모양의 창을 설치해 빛이 직접적으로 들어오지 않아 이용자들이 부드러운 빛을 통해 책을 읽을 수 있도록 설계했다. 그밖에도 중요한 모더니즘 작품으로 투르쿠 스탠다드 아파트 빌딩Turku Standard Apartment Building, 1929, 투룬 사노마트 빌딩Turun Sanomat newspaper offices, 1930, 파이미오 요양원Paimio Sanatorium, 1933을 설계했다. 요양원을 설계할 때 그는 의료 전문가들을 여러 차례 인터뷰하여 환자와 의료진이 머물기에 최적화된 공간을 위해 끊임없이 고민하고 노력했다. 이런 노력 끝에 환자와 의료진을 위한 세심한 배려가 돋보이는 요양원을 지을 수 있게 되었다. 건축은 기능에 따라 형태가 결정되어야 한다는 알토의 신념을 잘 보여주는 예다.

모더니즘으로의 전환을 예고한 중요한 계기는 개인적으로 유럽 전역을 여행한 후 국제 동향에 대한 새로운 감각의 발견이었다. 그의 새로운 시도는 조립식 콘크리트, 투룬 사노마트 빌딩의 코르뷔지에적 건축언어, 그리고 파이미오 요양원과 도서관 설계에서 지속적으로 발전되었다.

투룬 사노마트 빌딩과 파이미오 요양원은 비교적 순수한 모더니즘 작품이지만, 그러한 모더니스트적 접근방식은 그의 대담하고 종합적인 건축의 시작이었다. 알토의 초기 주요작품은 르코르뷔지에, 발터 그로피우

건축예술은 물성화된 형태로 삶을 종합하는 일이다.
건축가는 분리된 사고를 모으는 것이 아니라
조화로운 하나의 형태로 만들도록 노력해야 한다.

비푸리 도서관, 비보르그, 1935

Alvar Aalto

건축가의 궁극적인 목적은 낙원의 창조다.
모든 집은, 모든 건축물은 인간을 위한 지상의 낙원을
창조하기 위한 결과물이어야 한다.

파이미오 요양원, 파이미오, 1933

스와 유럽의 주요 모더니스트의 영향을 받았으나 이후에는 유기적 형태 언어를 도입함으로써 모더니즘의 규범에서 벗어나 자신만의 개성을 보여주기 시작했다.

생명력을 주는 건축요소

파이미오 요양원과 비푸리 도서관이 완공되자 알토는 건축 분야에서 세계적으로 주목받았다. 1938년 뉴욕의 MOMA에서 자신의 작품에 대한 회고전으로 초청된 후 미국에 알려졌다. 프랭크 로이드 라이트가 '천재의 작품'으로 묘사한 1939년 뉴욕세계박람회의 핀란드 파빌리온으로 그의 명성은 더욱 높아졌다. 그의 작품과 명성은 지그프리드 기디온 Siegfried Giedion의 《공간, 시간, 건축 : 새로운 전통의 성장》Space, Time and Arcitecture, 1949의 두 번째 판에 포함되면서부터 공식화되었다. 기디온은 알토에 대하여 이미지, 분위기, 삶의 강도, 심지어 국가적 특성과 같은 직접적인 기능에서 벗어난 특성들을 중심으로 핀란드적 세계를 완성했다고 언급했다.

알토는 대지를 거닐고자 하는 사람들의 사고, 경관에의 유혹, 대지의 지형학적 경험을 불러일으킨다. 이 점은 알토가 국제적으로 관심을 받은 첫 번째 건축물 비푸리 도서관의 가장 중요한 특징이다. 비푸리 도서관 디자인에서 알토는 태양광으로 비추는 거대한 공간을 제시했다. 시각적으로 이러한 요소들은 건축과는 무관한 것이었다. 그러나 도면들의 단순함으로부터 평면과 단면의 결합이 생겨났다. 그 단면들은 서로 조각조각 짜 맞춰져 천천히 하나로 표현된다. 이 도서관의 기본적인 개념은 서로 다른 층의 열람실, 회의실, 도서 대출실을 중앙의 관리실 주변으로 한데 묶는 것이다. 또 유리로 만들어진 원형의 천창들을 통해 태양의 일조 시스템을 받아들인다.

이로부터 세 가지 중대한 요소를 찾아낼 수 있다. 움직이는 사람, 대지의 정돈, 태양으로부터의 빛이다. 이 요소들은 근원적인 대지의 지형학과 건축물을 중재하는 데 가장 명확한 관심사를 규정한다. 이러한 토대로부터, 알토는 건축물에 적합한 기능적인 통로를 만들었다. 이 구조들은 건축물의 내부와 주변의 이동과 순환을 규정했다. 걸어서 대지를 넘어서 이동하는 것과 같이, 태양이 지나는 통로가 존재한다. 빛을 통해 건축물 내부와 외부의 공간과 건축 외피를 형태화하고 건축물 주변으로 순환하는 사람들의 통로를 만들어낸다. 이 건축물은 인도적인 기능주의라는 면에서, 건축 공간의 중심 기능과 연관된다. 각각의 통로는 상호교차와 기능적 이동에 의하여, 태양광과 그림자에 의하여, 대지의 지형학에 의하여 서로 생명력을 불어넣는다. 즉 지어진 볼륨 안에서, 태양 혹은 관찰자 그리고 둘 모두가 위치를 달리하면서, 열린 공간의 조망을 닫거나 드러내면서 생명력을 얻게 된다.

현대건축에 가져온 온화함과 인본주의

1930년대에 알토는 불규칙한 곡선 형태를 특징으로 하는 라미네이트 목재, 구조물과 추상적인 부조면을 실험하는 데 시간을 보냈다. 그는 목재의 유연성과 관련된 기술적 문제를 해결하고 그 경험을 통해 디자인에서 공간 문제를 해결할 수 있었다. 알토의 목재 실험과 순수주의 모더니즘에서 발전하는 그의 디자인 성향은 호화로운 빌라 마이레아Villa Mairea, 1939의 디자인에서 확인할 수 있다. 이 집의 클라이언트는 알바 알토와 가구회사 아르텍Artek을 공동 설립한 마이레와 해리 굴릭센Maire and Hary Gullichsen 부부다. 그들은 알토뿐만 아니라 그의 아내 아이노 알토와도 긴밀하게 협력하여 디자인 작업에 참여했다. 원래 디자인은 개인 미술관을 포함하는 것이었다. 건물은 중앙 내부 정원을 중심으로 U자형의 건물 형태를 형성하며, 중앙에는 자유 곡선형의 수영장이 배치됐다. 수영장 옆에는 핀란드와 일본의 선례를 암시하는 소박한 스타일의 사우나를 세웠다.

1941년에 알토는 MIT의 객원 교수로 초청을 받았고 전쟁 후 1949년에는 MIT의 기숙사 베이커 하우스를 디자인했다. 이 기숙사는 찰스 강을 따라 놓여있고 부드럽게 꺾인 곡률의 형태는 각 거주자에게 최대한의 시야와 채광 그리고 환기를 제공했다. 이 건물은 알토의 붉은 벽돌 시대를 연 첫 건물이다. 이후 알토는 핀란드에서 헬싱키 대학 캠퍼스의 여러 건물, 세이나찰로 타운 홀Säynätsalo Town Hall, 1952, 핀란드 국민연금센터National Pension Institution office building, 1956, 헬싱키 문화원 House of Culture, 1958 및 자신의 여름 별장인 무라찰로의 실험적 주거The Experimental House, 1953에 붉은 벽돌을 사용했다.

근대건축의 5번째 거장
라이트, 그로피우스, 미스, 코르뷔지에 이후 근대건축의 5번째 거장이 있다면 알토가 합당할 것이다. 건축이론가 레나토 데 푸스코Renatto de

Fusco는 알토를 라이트와 함께 유기적 건축의 계통으로 분류하고 있고 예술역사가 존 야코부스John Jakobus는 알토의 작품 일부를 브루탈리즘 Brutalism에 속한다고 보았다. 알토는 기계주의 미학의 형식적 정확성을 혐오했다. 그는 르네상스적 원리로 거슬러 올라감으로써 현대건축에 온화함과 인본주의를 가져왔다. 르네상스 건축가들과 같은 방식으로 인간을 디자인의 중심 혹은 초점으로 삼았다. 이러한 관점을 바탕으로 그의 설계에서 직선들은 태양광선처럼 발산해 나아갔다. 이러한 접근방식은 핀란드의 비푸리에 있는 시립도서관의 강당, 핀란드의 문키니에미 주택안, 독일의 볼프스부르크에 있는 문화센터, 독일 브레멘 아파트 등에서 찾아볼 수 있다.

이마트라의 부오크세니스카Imatra Vuoksenniska, 1958를 설계할 때 알토는 동일한 방식을 쓴다. 미술사학자 빈센트 스컬리Vincent Joseph Scully는 다음과 같이 말한다. "전체적인 알토의 평면과 단면은 제단에 서있는 설교자의 목소리로부터 나오는 반경을 따라 바깥으로 파도친다. 건물의 외벽은 그 안에서 파도치고 있는 소리의 형상과 일치하며 유연하게 평면을 감싼다. 파도치는 듯한 공간은 이와 동시에 사람이 얼마나 모이느냐에 따라 작은 공간과 넓은 공간을 모두 제공할 수 있는 기능적 요구를 만족시킨다. 하느님을 경배하러 모인 사람들 주위로 펼쳐진 여러 개의 장막과 같은 공간의 벽체는 보호의 이미지를 떠오르게 한다. 부수적 공간은 집회공간으로부터 명백히 분리된다. 구획된 공간들은 제단을 향해 우아하게 솟아오르는 직선의 지붕선에 의하여 외부에서 통합된다. 이마트라 교회는 롱샹 성당과 함께 20세기 교회건축에서 중요한 의미를 갖는다."

Alvar Aalto

1950년대

1950년대에 알토는 벽돌과 나무 외에도 청동, 대리석, 혼합매체와 같은 조각에 몰두했다. 1960년대 이후에는 그의 대표적인 작품을 디자인하였는데 핀란디아 콘서트홀Finlandia Hall, 1971과 헬싱키 전기회사의 깜피지구 사무실 건물1975 등이 있다. 건물에 사용된 기하학적 격자는 미스 반 데어 로에의 건축언어를 사용했다.

알바 알토 박물관의 갤러리에는 1920년대 초반부터 1970년대의 모더니즘에 이르기까지 제작되지 않은 알토의 박물관 포트폴리오를 전시하고 있다. 북유럽 국가에서 유럽 및 근동에 이르기까지 핀란드와 해외의 공모전 출품작을 전시하는데 건축가에게 박물관 디자인이 얼마나 중요하고 영감을 주는지 강조한다.

그는 건축으로도 유명하지만 가구 디자인 또한 오늘날까지 명성을 잇고 있다. 오스트리아 건축가 요제프 호프만Josef Hoffmann과 그의 공방 작업을 연구했고 핀란드 아르누보 건축가 에리엘 사리넨Eliel Saarinen에게서도 배웠다. 아내 아이노 알토와 긴밀히 협력하면서 가구 디자인에 많은 시간을 할애했다. 그가 가구 디자인에 몰입하게 된 계기는 파이미오 요양원의 개별 가구 및 램프를 디자인하기로 결정하면서다. 구부러진 합판 의자, 특히 결핵 환자를 위해 설계한 소위 파이미오 의자와 스태킹 스툴 No.60은 사용자의 특성과 편의에 대한 고민을 많이 한 작품이다. 이를 계기로 알토는 시각예술가인 마이레 굴릭센Maire Gullichsen과 미술사학자 닐스 구스타프 할Nils Gustav Hahl과 함께 1935년 아르텍 회사를 설

현대건축은 성숙되지 않은 새로운 재료를 실험하는 것이 아니다.
중요한 것은 더 인간적인 방식으로 재료를 재정의하는 것이다.

립하여 알토의 제품과 여러 수입 제품을 판매했다. 특히 그는 나무를 사용한 의자 디자인에 캔틸레버cantilever* 원리를 사용한 최초의 가구 디자이너였다.

* 한쪽 끝이 고정되고 다른 끝은 받쳐지지 않은 상태로 되어있는 구조물로, 외관은 경쾌하나 같은 길이의 보통 구조에 비해 4배의 하중을 받아 변형되기 쉽다. 주로 건물의 처마끝, 현관의 차양, 발코니 등에 많이 사용된다.

Alvar Aalto

Louis Isadore Kahn

루이스 이저도어 칸

에스토니아 사아레마 1901 ~ 미국 뉴욕 1974

엑서터 도서관, 미국 엑서터, 1972

철학하는 침묵과 빛의 건축가

루이스 이저도어 칸Louis Isadore Kahn은 에스토니아에서 가장 큰 섬, 사아레마Saaremaa에서 가난한 유태인의 아들로 태어나 그곳에서 자랐다. 그는 어린 시절, 불타는 석탄의 아름다운 빛에 매혹되어 그 석탄을 앞치마에 넣었다가 불이 붙어 얼굴에 화상을 입었다. 화상의 흉터는 평생 그를 따라다녔다.

　루이스 칸의 아들 나다니엘 칸이 만든 다큐멘터리 영화 〈나의 아버지, 건축가 루이스 칸〉My Architect, 2003에 따르면 루이스 칸은 어린 시절 연필을 살 여유도 없어, 칸의 부모는 칸이 그림으로 용돈을 벌 수 있도록 불에 탄 나뭇가지로 숯불을 직접 만들어주었다. 예술에 재능을 보인 칸은 극장에서 무성영화에 맞춰 피아노를 치며 돈을 벌기도 했다. 4세 때 필라델피아로 이주하여 1914년 미국 시민권을 얻었고, 1915년 그의 아버지는 칸으로 개명했다. 이때부터 루이스 칸으로 불렸다. 본명은 이체레이프 쉬무일로프스키Itze-Leib Schmuilowsky다. 칸은 철학하는 건축가, 숭고한 건축가로 여겨진다. 그의 작업은 이후 많은 건축가의 기준이 되었고 그의 장엄한 건축물은 현대건축의 기하학적 표현에 새로운 가능성을 제시했다.

　대표작으로 예일 아트갤러리1953, 리처드 의학 연구소1965, 소크 생물학 연구소1965, 필립스 엑서터 아카데미 도서관1972, 킴벨 미술관1972, 사후 완공된 방글라데시 다카 국회의사당1982 등이 있다.

카리스마 넘치는 사상가

매년 최고의 수채화상을 수상할 만큼 예술에 두각을 드러낸 칸은 고등학교 3학년 때 건축과정을 수강하면서 건축가가 되기로 결심했다. 필라델피아 미술 아카데미의 전액 장학금 제안을 거절하고, 펜실베이니아 대학교에 입학해 고전주의에 정통한 에콜 드 보자르École des Beaux-Arts식 건축을 공부하고, 이어 유럽에서 고전 건축을 연구했다. 그곳에서 그는 에콜 드 보자르의 대가 폴 필립 크레Paul Philippe Cret 교수로부터 과도한 장식을 막는 보자르 전통의 비전을 배웠다.

1924년 건축 학사를 마친 후 칸은 도시건축가 존 몰리토John Moliter의 사무실에서 선임기사로 일했다. 1926년에는 세스키니얼 박람회를 디자인했다. 1928년 유럽여행에서 칸은 고전주의나 모더니즘보다는 중세 성곽 도시인 프랑스 카르카손과 스코틀랜드 성에 관심을 가졌다. 이러한 거대한 석조 건축물에 대한 동경은 이후 작업의 구조와 물성에 영향을 미친다. 1929년 미국으로 돌아온 칸은 펜실베이니아 대학의 스튜디오 비평가였던 폴 필립 크렛의 사무실에서 일했다. 칸은 도미니크 베르닝거와 건축 연구 그룹을 세웠고 포퓰리즘 사회 의제와 유럽 아방가르드 미학에 관심을 가졌다.

1935년, 자신의 아틀리에를 설립했다. 1947년부터 1957년까지 예일 건축학교에서 건축 비평가 및 건축 교수로 재직했고, 1957년부터 죽을 때까지 펜실베이니아 대학 디자인 스쿨에서 건축 교수로 재직했다.

펜실베이니아 대학에서 칸은 영향력 있는 교수 이상이었다. 그는 거주 공간을 깊이 사유한 철학자였다. 완성도 높은 성숙한 작품의 핵심요소로 모든 건축물은 그 자신의 영혼을 가져야 한다.

예일 아트갤러리, 뉴욕, 1953

써 물질, 빛, 인본주의적 가치에 대한 경외심, 그리고 기하학적 입체에 대해 거의 종교적이라 할 만한 신념을 가르쳤다. 칸은 마치 카리스마 넘치는 사상가 같았다.

칸은 1950년 로마의 아메리칸 아카데미에서 방문 건축가로 머물면서 많은 영향을 받았다. 기념비성, 빛과 형태에 대한 필수 교훈을 수집했다. 이는 그의 건축 경력에 전환점이 되었다. 이탈리아, 그리스, 이집트에 있는 고대건물의 유적을 방문하고 스케치하고 고민한 것은 이후 그의 건축 디자인의 기본 접근방식이 되었다. 그는 초기 모더니즘 운동의 영향을 받아 자신의 스타일을 발전시키면서도 자신만의 독창적인 사고를 멈추지 않았다. 유럽에서 연구를 마치고 미국으로 돌아온 그는 1950년 예일대학 학장직을 맡게 되었고, 그 영향으로 예일 아트갤러리의 디자인을 위임받아 진행했다.

칸의 건축은 기념비적이고 단일체적인 스타일을 지녔다. 기하학적 형태를 갖는 육중하고 거대한 건축물을 통해 중력을 담는 무게, 재료의 물성 그리고 구축방식을 직설적으로 표현했다. 세심하게 정리된 기하학적 질서, 건축되지 않은 수많은 모험적 제안, 교육방식으로 유명한 칸은 20세기 가장 영향력 있는 건축가 중 한 명이 되었다. 죽음을 맞을 당시에 그는 미국의 최고 건축가였다.

건물이 되고 싶어하는 것

보자르 전통 속에서 교육을 받은 그는 전통적인 건축언어를 새로운 언어로 변형시켰으며 이것은 로버트 벤츄리Robert Venturi와 찰스 무어Charles

Moore 같은 건축가에게 영향을 미쳤다. 건축가로서 현대건축에 주요한 공헌을 하기 전에는 이론을 연구하고 강의를 하면서 많은 시간을 보냈다. 1953년 설계한 예일 아트갤러리에서는 여전히 국제주의 양식의 영향을 받았음을 볼 수 있다. 그러나 1955년 뉴저지주의 트렌톤에 있는 커뮤니티센터는 독자적인 양식을 보여주는데 바로 초기 르네상스적 공간이다. 정확하게는 건축 공간을 3차원적 정사각형 단위로 엮은 공간으로, 브루넬레스키의 오스페달레 인노첸티Ospedale degli Innocenti를 떠올리게 한다.

트렌톤의 커뮤니티센터의 설계에서 칸은 주공간과 부공간의 차이점을 발견했다. 그는 지지부재의 내부를 비움으로써 그 공간을 사용 가능하게 만들었다. 칸은 자신이 사용한 기둥이 계단과 통로를 내부에 둔 성베드로 성당의 내부 기둥과 비슷하다는 것을 시인했다.

이러한 접근방법은 리처드 의학 연구소Richard Research Laboratory에서 처음으로 절정에 달하는데 그의 표현을 빌리면 "건물이 스스로 되고 싶어하는 것"을, 이 작품을 통해 성공적으로 구현해냈다. 이 건물 평면을 그리면서 칸은 두 가지 중요한 사실을 생각했다. 첫째, 과학자들은 일종의 집단성을 띠기는 하지만 혼자서 일할 수도 있고 혹은 집단으로 일할 수도 있다는 것이고 둘째, 실험에서 나오는 유해한 공기가 작업공간으로 들어가서는 안 된다는 것이었다. 그 결과로 도출된 것이 주공간과 보조공간의 군집형태였다. 주공간은 각 연구실이며, 보조공간은 배기·환기 굴뚝과 수직동선 탑 등이다. 즉 건물이 되고 싶어하는 것이다.

구조적으로 볼 때 칸은 각각의 사각형 단위에 프리캐스트 콘크리트,

Louis Isadore Kahn

리처즈 의학 연구소, 펜실베이니아, 1965

즉 이미 공장에서 제작한 철근 콘크리트로 일차적인 구조를 사용했다. 여기에는 각 변의 1/3 지점이 되는 곳에서 도합 8개의 측면 기둥을 둠으로써 측면을 3개의 동일간격으로 나누었다. 양방향 트러스truss*로 인해서 구조체계는 힘과 위엄을 갖추게 되었다. 모서리 부분은 캔틸레버로 처리되었으며 벽돌과 유리로 구성된 패널로 채워져 있다.

　건물의 형태가 산 지미냐노San Gimignano 같은 중세도시와 비슷하다는 사실에서 칸이 역사를 창조적으로 참조했다는 것을 알 수 있다. 칸의 디자인은 유기적 건축에서처럼 생성적인 법칙에 의해 결정되어 있는 듯하지만 한편 코르뷔지에의 후기작품에서 보이는 기품과 힘뿐만 아니라 미스 반 데어 로에의 구조적 정형성과 분절성도 갖고 있다. 칸 덕분에 새로운 건축적 형태를 위한 원천으로써 건축역사에 잠재되어 있는, 인간이 만들어온 형태들을 현대건축디자인에 다시 참조하게 되었다. 칸과 더불어 건축이 다시 태어났다 해도 과언은 아닐 것이다.

구조, 그리고 빛의 양과 질

리처드 의학 연구소가 지어진 후, 칸은 1962년 시작된 방글라데시 국회의사당과 같은 더 큰 프로젝트를 맡게 되었다. 그는 계속해서 건축에 대한 견해를 내놓았다. 어떤 경우 그의 설명은 설득력이 있지만 어떤 때는 모호했다. 그러나 그는 일관성 있는 디자인 이론을 개발하고자 하였다.

　건축 디자인에 있어 칸은 사람들이 필요로 하는 것과 원하는 것을 구

---

* 　부재가 휘지 않게 하나의 보를 삼각형의 부재로 조립한 골조구조

건축은 사려 깊은 공간의 창조다.

방글라데시 국회의사당, 방글라데시 다카, 1982

별하는 것을 좋아했다. 필요사항이란 건축주가 빌딩 프로그램의 형태로 건축가에게 제시하는 것이다. 이 필요사항을 해석해서 요구사항으로 변환시키는 것은 건축가의 임무였다. 건축을 창조하는 것은 인간의 정신이다. 어떤 공간을 그것이 만들어진 외적인 징후만 보게 되면 그 공간은 단지 하나의 의미 없는 공간일 뿐이다. 칸은 그 공간을 건축의 시초가 되는 자리로서 공간이라 불렀다. 공간은 건축적 형태의 1차적 요소다.

코르뷔지에와 마찬가지로 칸에게 자연광은 매우 중요하다. 빛으로 인해 방은 각각의 성격과 특성, 분위기를 갖게 된다. 방을 특징짓는 데는 두 가지 주요소가 있다. 구조와 구조로 만들어지는 빛의 양과 질이다.

미국의 필립스 엑서터 고등학교 안에 있는 엑서터 도서관Phillips Exeter Academy Library에 들어서면 콘크리트로 지어진 원형 이중계단과 석회화를 마주한 원형 이중계단이 방문객을 맞이한다. 계단 꼭대기에는 여러 층의 책장을 드러내는 거대한 원형 구조물의 극적인 중앙 홀이 있다. 아트리움 상단에 설치한 두 개의 거대한 콘크리트 크로스 구조물은 천창에서 들어오는 빛이 한 번 꺾여서 들어와 직사광선을 피할 수 있게 한다. 외관과 평면은 정육면체에 가까워 단순하나 중정과 벽의 창을 통한 빛을 조절해 내부를 풍성하게 구성했다.

칸은 학생들이 도서관에 도착하면 감각적으로 겸손하기를 바랐는데 그런 그의 의도는 성공했다. 칸의 건축가로 일했던 데이비드 리네하트는 칸에게 모든 건물은 성전이었다고 언급했다. 그가 설계한 소크 연구소는 과학을 위한 사원이었고 방글라데시 국회의사당은 정부의 성전이었으며 엑서터는 배움의 성전이었다.

칸은 도서관의 본질인 책이 도서관 어느 곳에서든 보이도록 하고, 빛이 있는 곳에서 책을 읽을 수 있도록 설계했다. 이는 아카데미의 건축위원회가 칸을 위해 설정한 목표 중 하나였다. 중앙 홀은 높이 15.8m, 폭 9.8m인데 이러한 스케일은 고대 그리스인이 연구한 황금비율과 수열에 기초한 이상적인 건축비례를 보여준다.

한 비평가는 칸이 디자인한 건축물의 빛을 다음과 같이 설명한다. "레오나르도 다빈치에 의해 확인된 바와 같이, 우리는 종종 세 가지 유형의 그림자 즉 부착된 그림자, 음영 및 캐스트 그림자를 접하게 된다. 부착된 그림자는 지붕이 외벽에 그림자를 주는 것처럼 몸체 자체에 떨어진다. 두 번째 유형은 밝고 어두운 대비에 속하며, 이는 형태에 내재되어 있으며 빛의 근원에 의존한다. 공 모양의 파빌리온은 하늘 아래에서도 아래쪽에 더 어두운 영역을 보여준다. 세 번째, 바닥 그림자는 건물 윤곽의 투영으로 인해 거리에 그림자를 생성한다."

작품의 전형적인 형태는 1950년대에 그가 연구한 그리스 건축으로 거슬러 올라간다. 칸은 다음과 같이 적었다. "그리스 건축은 기둥이 빛이 없는 곳이고 그 사이의 공간이 빛이 있는 곳이라고 가르쳤다. 그것은 빛, 또 빛, 빛의 문제다. 기둥과 기둥은 그 사이에 빛을 가져온다. 빛, 기둥으로 빛과 어둠의 고유한 리듬을 만드는 것은 예술가의 경이로움이다."

빛은 칸 철학의 핵심요소였다. 그는 빛을 '모든 존재의 주체'로 간주했기 때문이다. 그리고 다음과 같이 썼다. "자연의 모든 물질, 산과 개울, 공기와 우리는 빛으로 만들어졌다. 재료라고 불리는 이 구겨진 덩어리는 그림자를 드리우고 그림자는 빛에 속한다." 그에게 빛은 물질의 제작자이고 물질의 목적은 그림자를 드리우는 것이다.

칸은 어두운 그림자가 빛의 자연스러운 부분이라고 믿었기 때문에 형식적인 효과를 위해 순수한 어두운 공간을 만들려 하지 않았다. 빛을 들여다보면 어둠의 다양한 변화를 볼 수 있다. 결과적으로 광원인 빛은 종종 루버louver 구조나 벽 뒤로 드러나는 빛의 효과에 집중된다.

칸은 그의 책《침묵과 빛》Silence and Light, 1969에서 다음과 같이 썼다. "건물의 계획은 빛의 공간이 조화를 이루는 것처럼 읽혀야 한다. 어둡게 의도된 공간조차도 그것이 실제로 얼마나 어두운지 우리에게 알려줄 수 있는 신비한 빛이 충분해야 한다. 각 공간은 구조와 자연광의 특성으로 정의되어야 한다. 그림자의 신비함은 또한 침묵과 경외심을 불러일으키는 것과 밀접한 관련이 있다." 칸에게 어둠은 잠재적인 위험을 볼 수 없다는 불확실성과 함께, 결정되지 않은 깊은 미스터리를 불러일으킨다. 빛과 그림자로 침묵, 비밀 또는 드라마를 불러일으키는 것은 건축가에게 달려있다.

기능을 이해해야 가능한 건축

1955년 소아마비 백신을 개발한 것으로 유명한 조너스 소크Jonas Salk 박사는 칸에게 연구소 설계를 의뢰한다. 박사는 칸에게 사색적이면서도 안락하고 쾌적한 연구소를 요구했다. 소크 생물학 연구소Salk Institute for Biological Studies는 칸의 대표작으로 꼽힐 만큼 기능과 예술이 잘 어우러진 건축물로 탄생했다. 칸도 매우 만족했다고 전해진다.

소크 연구소의 입구를 나와 태평양을 바라보며 걷다보면 어두운 침묵이 떠오른다. 정밀하게 정의된 몰드의 어두운 그림자 선과 구멍은 거대한 벽에 미세한 질감을 느낄 수 있으며, 흰색 돌과 회색 콘크리트 벽은 그림자놀이를 위한 단색의 입체 캔버스다. 음영은 칸의 거대한 석조구조물과 같은 볼륨의 배열과 형태를 드러내는 필수요소로 바뀐다.

칸은 연구원들이 나와 쉴 수 있는 공간을 만들면서 쉬는 동안에 떠오른 아이디어를 적을 수 있는 칠판을 벽에 설치했다. 이는 사용자에게 완벽한 공간을 제공하기 위해 설계를 시작할 때부터 구상한 것이다.

칸은 극심한 햇빛에 노출된 지역, 예를 들어 인도, 파키스탄 등지에 많은 건물을 세웠지만, 사용자를 태양으로부터 보호하기 위해 건물을 설계하는 것이 아니라 그림자의 신성함을 보호하기 위해 건물을 설계했다. 그는 브리즈솔레이유brise-soleil*와 같은 인공적인 그늘 구조물이 효율적이라고 생각하지 않았다. 대신 그는 이중벽의 창문과 문을 사용하여 내부로 빛을 끌어들였다.

예술로서의 건축, 자유로운 건축가

칸이 생각한 건축은 근본적으로 예술이다. 그러나 어떤 예술가도 무에서 유를 만들어낼 수는 없음을 알고 있었다. 예술가란 늘 있었던 것에 대한 매개물일 뿐이다. 인간의 최초 감각은 완벽한 조화의 감각으로서 아름다움이라고 믿었다. 칸에게 있어 예술은 바로 표현이었다. 인간은 표현하

---

* 건물 전면에 부착된 일조조정을 위한 태양광 차단 구조

나는 빛을 모든 존재가 가능하게 하는 것으로 느끼며
그 빛이 재료라고 느낀다.
빛으로 만들어진 건축은 그림자를 만들고
그림자는 빛에 좌우된다.

소크 생물학 연구소, 샌디에이고, 1965

Louis Isadore Kahn

기 위해 살고, 그것을 표현하기 위한 인간의 유일한 언어는 예술이라 믿었다.

미래 건축양식은 예측할 수가 없다. 칸은 아직 생각되지 않고 만들어지지 않은 것을 존재하게 하는 영감은 선구자의 선견에 있다고 보았다. 진취적 지도자는 그에게 영향받은 건축가와 함께 일할 것이며 작품을 통해 새로운 건축의 정신을 밝혀야 한다고 생각했다.

칸은 1930년대부터 여러 건축가와 협업관계를 유지했다. 가장 중요한 협업은 조지 하우George Howe와의 작업으로, 1930년대 후반 필라델피아 주거단지 프로젝트를 함께했다. 1940년 하우는 칸을 초대하여 프로젝트를 추진하기 위해 파트너십을 맺었다. 비록 이 협력기간은 짧았지만 하우는 이후 칸의 경력에서 핵심인물로 남았다. 특히 소크 연구소와 같은 중요한 프로젝트를 함께 진행했다. 1940년대에는 오스카 스토노로프 Oscar Stonorov와 거의 모든 작품을 함께했다.

그는 공간을 구분하는 강력한 형식과 구조, 형태가 하나가 되는 기하학적 완결성에 몰두했다. 재료는 질감이 짙은 벽돌과 콘크리트를 선호했으며, 질감은 종종 석회화 대리석 같은 고도로 정제된 표면과 병치되어 강화되었다. 그의 벽돌 사용에 대한 숙고는 매우 유명하다. 칸은 벽돌을 생각하며 '벽돌이 무엇을 원하는가?'라고 질문하고 "벽돌은 아치가 되고자 하고 콘크리트 상인방(上引防)*과 어울리고 싶다"라고 답했다.

---

* 창문 위 또는 벽의 위쪽 사이를 가로지르는 인방. 창이나 문틀 윗부분의 하중을 받쳐준다.

칸의 마지막 작품

칸은 1974년 펜실베이니아역 화장실에서 심장마비로 사망했다. 인도 출장을 마치고 돌아온 직후였다. 당시 뉴욕시와 필라델피아에서 경찰의 잘못으로 칸의 신원이 늦게 밝혀졌고 가족과 사무실은 이틀이 지나서야 그의 죽음을 알게 되었다. 당시 그가 들고 다니던 서류 가방에 있던 뉴욕 루즈벨트섬의 루즈벨트 기념공원 설계도가 오랜 시간이 지난 후 다큐멘터리를 만들던 아들에 의해 발견되었고, 그 설계도는 40여 년 후 칸의 마지막 작품인 포 프리덤스 공원Franklin D. Roosevelt Four Freedoms Park, 2012으로 구현되었다.

많은 건축사학자가 루이스 칸을 20세기 후반의 가장 중요한 건축가로 꼽았다. 가난과 어린 시절 끔찍한 사고를 극복한 유태인 이민자 칸은 벽돌, 콘크리트, 빛의 기하학적 구성과 같은 강렬하고 영적인 건물을 구축했다. 그의 디자인은 삶을 바꾸는 것이었다.

그가 개인으로서 남긴 인상은 신화적이다. 때로 난해하지만 항상 통찰력 있는 건축 이해를 통해 종종 신비주의자 또는 전문가로 묘사되었고, 복잡한 사생활은 아들로 하여금 2003년 아카데미상 후보가 된 다큐멘터리 〈나의 아버지, 건축가 루이스 칸〉을 촬영하도록 영감을 주었다. 다큐멘터리 〈나의 아버지, 건축가 루이스 칸〉은 사랑과 예술, 배신과 용서의 이야기다. 전설적인 건축가 칸의 사생아인 감독이 5년 동안 전세계를 탐험하며 오래전 죽은 아버지를 이해하는 과정을 그리고 있다.

09

Zaha Hadid

자하 하디드

이라크 바그다드 1950 ~ 미국 마이애미 2016

동대문 디자인 플라자, 서울, 2014

급진적인 20세기 스타 건축가

자하 하디드는 1950년 이라크 바그다드의 상류층 가정에서 태어났다. 자하 하디드의 아버지 무함마드 알아지 후세인 하디드Mohammed Hadid 는 1932년 자유주의 알할리 그룹을 공동창립한 인물로, 1930~40년대 이라크 내 중요한 정치인이었다. 자하 하디드의 어머니 와지하 알 사분 지Wajiha al-Sabunji는 모술에서 활동한 예술가였다. 하디드는 한 인터뷰에서 어린 시절 이라크 남부 고대 수메르 도시 여행 이후 건축에 관심을 갖게 되었다고 언급했다.

1968년 자하 하디드가 베이루트에 있는 대학에서 수학을 공부할 때, 그녀는 유일한 여성이었다. 바그다드와 마찬가지로 베이루트는 문화와 아이디어의 중심지였으나 1975년 시작된 내전으로 도시가 파괴되었다. 어쩌면 풍경과 건물이 내부에서 폭발하는 것처럼 보이는 하디드의 초기 작업의 해체적 형상은 그러한 배경에서 시작되었을 수도 있다.

2004년 건축가로서 최고 영예인 프리츠커상Pritzker Prize을 수상한 최초의 여성이 된 자하 하디드는 빌니우스의 미술관, 바쿠의 문화센터, 아부다비의 공연예술센터를 포함한 주요 프로젝트 공모전에서 당선되었다. 그 이후로 수십 개의 건축 프로젝트를 진행했다.

대표작으로 비트라 소방서1994, 로마 MAXXI 박물관2010, 광저우 오페라하우스2010, 런던 올림픽 아쿠아틱스 센터2014, 동대문 디자인 플라자 2014 등이 있다. 2016년 사망 당시 베이징의 다싱 국제공항2019과 2022 년 FIFA 월드컵 카타르의 알자누브 스타디움2019 등 몇몇 건물은 공사 중이었다.

런던 AA스쿨에서 얻은 것들

미국 베이루트 대학에서 수학 공부를 마친 하디드는 1972년 AA스쿨에서 공부하기 위해 런던으로 갔다. AA스쿨은 학생의 아이디어와 디자인을 공개적으로 발표해 교수나 강사에게 도전하도록 장려했다. 메인 강당 밖에 있는 바에서는 활발한 토론이 열리곤 했다.

　교수진과 강사들에는 버나드 추미, 레오 클리어, 렘 콜하스, 엘리아 젱겔리스Elia Zenghelis, 다니엘 리베스킨트와 같은 세계적인 건축가가 포함되었다. 이들은 각기 다른 방향의 건축을 추구했다. 모더니즘, 포스트모더니즘, 역사적 고전적 건축, 하이테크, 새로운 도시 건축과 같은 다양한 분야를 탐구했다. AA의 학장인 앨빈 보야르스키는 교수진과 초청 강사가 전세계의 아이디어를 파악하고 가르치도록 했고, 이는 하디드에게도 영향을 끼쳤다. 하디드는 추미, 콜하스와 젱겔리스에게 영향을 받았다. 이들은 건축물로 지을 수 없는 프로젝트를 연구하고 아이디어를 밤새 드로잉했다.

야심찬 프로젝트, 드로잉으로부터

"드로잉은 건물이 아니며 건물에 대한 스케치일 뿐이다." 자하 하디드의 말이다. 드로잉은 완성될 제품의 도해가 아니라 텍스트와 같은 것이다. 하디드에게 드로잉은 건축이 잘 진행되고 있는지 그렇지 않은지를 확인하는 유일한 방법이었다. 많은 사람이 하디드가 드로잉하는 것을 이해하지 못했지만 콜하스는 그녀를 격려했다.

　하디드는 영국으로 귀화하여 1980년 런던에 자신의 건축사무소를 열었다. 1980년대초 하디드는 매우 상세한 스케치와 채색화를 통해 새로운 현대건축 스타일을 소개했다. 당시 건축계는 포스트모더니즘에 집중하였기 때문에 그녀의 디자인은 매우 독특한 접근방식이었다. 하디드는 1994년에 웨일즈 카디프 오페라하우스Cardiff Opera House를 디자인하여 당선되었으나 웨일즈 정부는 당선을 취소하고 다른 건축가에게 디자인을 위임했다. 이 프로젝트를 놓친 건 그녀에게 큰 실망을 안겨주었지만 경력에 전환점이 되기도 했다. 다시는 그런 일이 일어나지 않도록 하겠다고 다짐하며 3년 동안 주요 공모전에서 당선되어 건축물이 지어지는 쾌거를 이루었다. 이 기간 동안 하디드는 건축적 철학과 제안적인 건축 디자인 그리고 상상력이 풍부하고 다채로운 그림으로 이름을 날렸다. 그녀는 2000년대 최고의 스타 건축가였다.

도시의 역동성, 미래지향적 부드러움

1988년 하디드는 모마MoMA에서 필립 존슨과 마크 위글리가 큐레이팅한 '해체주의 건축' 전시회에 선도적인 건축가 중 한 명으로 참여했다. 피터 아이젠만, 프랭크 게리, 렘 콜하스, 다니엘 리베스킨트, 베르나르 추미, 쿱 힘멜브라우가 함께 참여했다. 이 전시는 그녀만의 특별한 스타일을 세계에 알릴 기회가 되었다. 그 이후로 하디드는 전세계에 새로운 스타일의 건축물을 세우기 시작했다.

1980년 하디드가 런던에 건축사무소를 열었을 때 5명의 직원과 함께 원룸에서 시작했는데, 2004년 프리츠커상 수상 이후 300명 이상의 직원이 근무하게 되면서 건물 전체를 인수했다. 함께 프로젝트를 진행하는 직원들의 국적은 매우 다양했고 절반 정도가 30세 미만의 젊은이였다. 극동, 중동, 유럽, 북미, 아시아… 세계 어느 곳의 프로젝트를 맡았는지에 따라 그룹이 나뉘었고 모두 조심스럽고 진중한 태도로 전세계의 프로젝트를 진행했다.

작업은 대개 공모전 당선으로 시작된다. 하디드 건축사무소는 매년 약 30여 개 공모전에 참여했는데 프로젝트의 담당자가 특정 공모전에 배정되고, 개요를 읽고, 하디드와 프로젝트에 대해 논의하면서 작업이 시작된다. 그녀는 건축물이 들어설 대지가 지닌 역동적인 에너지로부터 영감을 받아, 선으로 드로잉을 시작해 몇 가지 프리핸드 스케치를 만드는데, 도시의 정적인 형태의 건물보다는 역동성이 디자인의 근원이 된다. 자신의 디자인에 대해 이야기할 때도 '공간'이라는 단어는 거의 사용하지 않고 '에너지' '필드' '그라운드' '컨디션'과 같은 단어를 선호했다. 그녀의 스케치가 완성되면 여러 건축가가 스케치를 2차원 도면, 3D 디지털 렌더링, 플렉시글라스, 판지 또는 목재로 만든 물리적 모델로 발전시킨다. 특정 공모전에서 당선될 가능성이 높다고 판단되면 최대 20명이 프로젝트에 참여해 작업속도를 높인다. 이러한 과정에는 6~7주가 소요된다.

그녀는 미래지향적 부드러움을 주로 표현하지만 '하디드 스타일'이라고 할 만한 단일한 패턴의 스타일은 없다. 특정 주제를 다룰 때는 유리, 강철, 콘크리트, 패널을 주로 사용하고, 독특하고 유려한 선형의 평면과 볼륨을 만든다. 그녀가 만든 복도는 종종 아라베스크 모양을 따라 흐르고 건축물과 공간의 형태를 이루는 매스의 역동적인 흐름은 날카로운 각도를 따라 꺾인다. 구조적으로는 기둥이 없는 공간을 선호한다. 통합된 형태의 내부는 유기적 흐름을 갖는 인테리어로 채워지고 비정형 비대칭으로 자유를 상징적으로 표현한다. 그녀의 모든 작업에서 움직임, 흐름과 속도가 드러난다. 따라서 사람들이 건물을 통과하는 방식과 시선, 그리고 빛과 그림자가 통과하는 모든 방식이 역동성을 드러낸다. 건축물의 외형은 미리 정해진 형태적 개념이라기보다는 내부와 주변의 움직임에 의해 유기적으로 형성된다. 이러한 다시점(多視點)의 해체적 이미지는 80년대부터 지속된 하디드의 드로잉에서 시작된다.

비전을 실현한 기술의 발전

하디드는 구조 자체에 단축법적 원근법을 적용하여 물체를 과장하고 왜곡된 시선으로 바라본다. 직사각형이 사다리꼴이 되도록 왜곡하고 강조하여 드로잉하며 하나의 원근법이 아닌 여러 개의 시점과 원근법을 하나의 계획에 담아, 입체파 그림이나 어안 렌즈로 찍은 사진과 같은 느낌의 뒤틀린 평면을 제작한다. 컴퓨터 소프트웨어가 적절한 순간에 등장하여 매우 운이 좋았다고 할 수 있다. 1990년경 그녀의 건축언어가 완전히 형성되었지만 그녀의 프로젝트는 구축 불가능한 것으로 널리 평가되었다. 그런 그녀에게 컴퓨터는 그녀의 비전을 실현하는 데 도움이 되는 도구가 되었다. 그러나 그것은 도구일 뿐이며 그녀의 상상력과 미학을 창조한 것은 다차원적인 드로잉이었다.

2000년경 프랭크 게리의 사무실에서 항공기 산업을 위해 설계된 소프트웨어를 재구성하여 디지털 프로젝트라는 프로그램을 만들었다. 이 프로그램은 건축가가 건설 시공자와 재료 생산자에게 직접 계획을 전달할 수 있게 했다. 그리고 엔지니어링 도면이 없었다. 이것은 아무리 큰 구조물이라도 미리 생산된 재료를 현장에서 조립해 만들 수 있음을 의미했다. 모든 조각에는 바코드가 찍혀있어 정확히 어디로 가는지 알 수 있으며 레고 키트처럼 현장에서 조립되었다. 약간의 비용과 노력 그리고 소프트웨어를 통해 건축가는 두 개의 창문이나 문틀이 같지 않은 건물을 설계할 수 있게 되었다. 현실세계는 마침내 하디드의 비전을 실현할 만큼 발전했다. 그러자 그녀는 자신이 상상하고 꿈꾸던 세상을 만들기 시작했다.

상상의 해체주의 건축물

하디드의 첫 번째 건축물 비트라 소방서Vitra Fire Station는 그녀가 특별한 애착을 가진 건축물이다. 비트라 소방서는 부분적으로 일련의 그림들에 기초해 지어졌다. 원래 공장 건물로 지은 것이었으나 제1 소방구역이 다시 책정되면서 비트라는 소방서의 의자 컬렉션 일부를 전시하는 전시장이 되었다. 소방서는 마치 대양을 운항하는 여객선의 뱃머리와 유사한 형태로 디자인되었다. 하디드는 실제로 변형될 수 있는 건물, 형태가 변하는 것이 아니라 기능이 변할 수 있는 건물에 관심을 가졌다. 그러한 건물로서 소방서가 적절하다고 판단하여 설계했다. 그녀는 모든 공간에 기능이 집중되는 건물을 생각하고 구상했다. 비트라 소방서는 몇 번의 디자인 수정을 거치며 4개의 벽이 3개가 되었다가 결국 2개가 되었다. 건물은 대지라는 프레임과 그에 따르는 각종 요건이 맞아야 하는데 하디드는 그 요건을 매우 주의 깊게 해석했고 재미있는 과정으로 여겼다.

"

360도의 각이 있다. 왜 90도에만 집착하는가?

전체 볼륨은 콘크리트를 사용하기로 결정했다. 콘크리트는 스스로 벽체가 되었고 전체를 하나의 볼륨으로 만들어냈다. 또한 칸막이 역할을 할 수 있었으며 긴장과 힘을 표현하기 좋은 재료였다. 콘크리트의 흥미로운 점은 낮에는 양감을 지녀 훨씬 단단해 보이지만 밤에는 분해되어 어떤 평면이 다른 부분보다 더 도드라져 건물의 일부만 드러난다. 이처럼 콘크리트는 무거운 물성을 변화시킨다. 하디드는 이렇게 건물의 형태를 변화시킴으로써 가벼운 느낌을 주었다. 결과적으로 고체형의 재질을 갖는 건축재료에 어떻게 투명한 느낌을 줄 수 있는지에 대한 문제가 해결되었다.

그녀는 건물에 색을 입히는 대신 오로지 빛을 사용하기로 했다. 평면에 색을 칠하는 순간 볼륨의 질이 상실된다는 것을 알게 되었기 때문이다. 그녀는 건물의 볼륨이 읽히기를 바랐다. 하디드는 이 공간이 닫혀있을 때는 방이 되고 열려있을 때는 지붕만 존재하도록 변할 수 있는 능력을 갖도록 노력했다. 금속재는 물성이 거의 느껴지지 않고 공간의 경계 속에 흐려진다.

헤이다르 알리예프 센터, 동대문 디자인플라자, 샤넬 파빌리온
하디드는 헤이다르 알리예프 센터Heydar Aliyev Center가 현대세계의 혼돈과 역동적 변화를 연상시키는 여러 시점의 투시도적 이미지를 생성하며 파편화된 기하학적 표현이 뛰어난 유동적 형태라고 설명했다. 아제르바이젠의 이 유동적인 건물은 강당, 도서관, 미술관의 거대한 컨퍼런스 센터로 그 유기체적 형태는 풍경의 자연 지형을 연장한 주름에서 시작되어나는 건축을 단순한 피복이라고 생각하지 않는다.
건축은 당신을 흥분시키고, 진정시키고,
사고하게 만들어야 한다.

헤이다르 알리예프 센터, 아제르바이잔 바쿠, 2012

센터의 여러 기능을 감싸 안고 있다. 거대한 물결과 같은 곡면은 휩쓸릴 듯한 역동성을 보여준다. 하디드가 사용한 대각선은 공간을 재발견하고 재구성하는 해체적 사고로부터 시작되었다.

대한민국에서 하디드의 이름을 알린 동대문 디자인플라자DDP는 2007년 동대문 운동장이 철거된 후 지역개발과 지역 환경개선을 위하여 계획되었다. 2009년 동대문 역사문화공원이 계획되었고 쇼핑시설, 전시장을 기본으로 다양한 서비스, 교육, 관리 공간에 대한 요구가 있었다. 현재의 건축물은 자하 하디드의 설계안 '환유의 풍경'이 현상설계에 당선되면서 시작되었다. 아름다운 곡선으로 만들어진 거대한 볼륨의 건축물과 공간은 비정형적인 기하학적 형태와 공간을 덮고 있는 무한한 포물면의 연장으로 보인다. 이러한 역동적인 형태는 수많은 단위의 외피와 굽이치는 공간의 흐름이 더욱 강조된다. 기존의 수직과 수평의 투시도적 위계는 해체되고 오로지 하나로 연장되는 운동과 흐름이 주인공이 된다.

2008년 홍콩에서 선보인 샤넬 모바일 아트 파빌리온Chanel Mobile Art Pavilion은 세계적인 디자이너 샤넬의 상징적인 작품들을 기념하기 위하여 만든 공간으로, 전체 구조는 역동적이면서 부드러운 표면으로 감싸져 있다. 분절된 곡면의 결합으로 만들어진 표면 안에 하중을 지지하는 아치 구조는 내부공간의 자유로운 흐름을 형성한다. 하나의 긴 동선으로 이루어진 연속적인 공간은 자하 하디드가 추구한 비정형적 공간에 역동성을 만들어낸다. 세밀한 디테일과 잘 조정된 곡률은 형태와 공간에 물질이 아닌 듯한 감각과 경쾌함을 부여한다.

급진적인 스타 건축가

〈런던 타임스〉와의 인터뷰에서는 그녀의 호기심과 새로운 기하학적 관심을 발견할 수 있다. "내 방의 가구 스타일은 모더니즘적이었다. 어릴 때 이러한 것들이 왜 다르게 보이는지 정말로 알고 싶어했던 기억이 난다. 이 소파가 일반 소파와 다른 이유는 무엇일까?" "나는 집에 있는 비대칭 거울에 감격했고, 비대칭에 대한 나의 사랑은 거기에서 시작되었다." 하디드의 집에는 복잡한 패턴이 있는 대형 페르시아 카펫을 포함한 전통적인 가구도 있었는데, 나중에 하디드의 작품을 해석하는 사람들에게 촘촘하게 짜인 복잡한 곡선이 반향을 일으켰다. 그에 대해 하디드는 이렇게 말했다. "아랍 전통에는 구상적인 예술이 없다는 것을 이해해야 한다. 모두 기하학적 디자인에서 비롯된 장식 패턴이다. 물론 그러한 것들이 영향을 미친다."

〈가디언〉은 하디드를 처음으로 공간이 급진적이고 새로운 방식으로 작동할 수 있다는 것을 상상하고 증명한 건축가라고 묘사했다. 하디드는 스스로를 여성 건축가 또는 아랍 건축가로 규정되는 것을 좋아하지 않았다. 단지 건축가가 되고자 했다. 〈아이콘 매거진〉에 실린 인터뷰에서는 "나는 결코 여성 건축가라는 것을 문제 삼지 않는다. 하지만 젊은 사람들이 유리 천장을 뚫고 나갈 수 있게 도울 수 있다면 나쁘지 않다"고 했다. 그러나 그녀는 자신이 남성이 지배하는 건축계의 문제를 실제로 느끼지 못했다고 인정했다. 그녀는 "여성 건축가로서 당신은 항상 아웃사이더다. 하지만 괜찮다. 나는 주변에 머무는 게 좋다"고 언급했다.

2004년 그녀가 프리츠커상을 받았을 때 그녀는 연설에서 "진보에 대

Zaha Hadid

광저우 오페라하우스, 중국 광저우, 2010

한 끊임없는 믿음과 더 나은 세상을 건설할 가능성에 대한 큰 낙관주의"
라는 시대의 유토피아 정신을 회상했다. 그리고 "추상화는 자유로운 창
조의 가능성을 열었습니다"라고 했다. 추상화는 선이 어떻게 교차하는지
연구하는 방법을 제공했다. 그녀는 그림을 그릴 때 건축물의 선이 빛과
그림자 영역을 통과하면서 바뀌고 왜곡되는지를 포착하고 싶어했다.

2016년 3월 그녀가 사망한 후 〈뉴욕 타임스〉의 마이클 킴멜만Michael
Kimmelman은 다음과 같이 썼다. "그녀의 솟아오르는 구조물은 새로운 스
카이라인과 상상력에 큰 영향을 끼쳤으며 그 과정에서 현대적 건축물을
재구성했다. 그녀의 건축은 예술에 대한 불확실성을 확장했다. 하디드는
역동적이고 유기체적인 선형 구조체를 실현하고 새로운 경험과 사고, 감
각을 전달했다. 또 그 풍부한 표현과 구체적 형태를 통해 스타 아키텍트
시대를 구체화했다. 자신만의 천재성을 추구하고, 놀라운 세계를 구축하
여 실현했다."

10

렘 콜하스

네덜란드 로테르담 1944 ~

복합단지 디 로테르담, 로테르담, 2013

현대건축의 대부

네덜란드 건축가, 건축이론가, 도시학자, AA스쿨과 하버드대학교 디자인 대학원의 건축 및 도시 디자인 교수다. 1944년 네덜란드 로테르담에서 안톤 콜하스와 셀린데 루센버그 사이에서 태어났다. 그의 아버지는 소설가, 비평가, 시나리오 작가였다. 아버지가 시나리오를 쓴 두 편의 다큐멘터리 영화가 아카데미 장편 다큐멘터리상 후보에 올랐고, 하나는 단편영화로 베를린 영화제 최고의 영화상인 황금곰상을 수상했다. 그의 외할아버지 더크 루센버그는 헨드릭 베를라헤 사무실에서 일한 모더니즘 건축가였다. 건축가이자 도시계획가 태운 콜하스와는 사촌지간이다.

렘 콜하스는 도시와 문화에 대해 가장 도발적이고 미학적으로 잘 이해되지 않는 변화를 유도하는 도시 사상가이자 계획가다. 르코르뷔지에가 1920~30년대에 모더니즘 도시에 대한 자신의 비전을 매핑한 이후로 어떠한 건축가도 그렇게 많은 영역을 다루지 못했다. 콜하스는 코르뷔지에와 비견될 만큼 전세계에서 작업했다. 그 과정에서 현대 대도시 발전에 관한 6권의 책을 썼고 무엇보다 파리 교외, 리비아 사막 및 홍콩의 마스터플랜까지 설계했다.

대표작으로 시애틀 도서관2004, 중국 중앙 텔레비전(CCTV) 본부2012, 복합단지 디 로테르담2013, 카타르 국립 도서관2017, 밀라노의 프라다 재단 건물2018 등이 있다.

비평적 사고와 창조적 건축

1963년 콜하스는 19세의 나이로 〈헤이그 포스트〉에서 저널리스트로 활동했다. 이 시기에 형성된 비판적 사고는 그의 건축관과 작업태도에 영향을 미쳤다.

콜하스는 런던에 있는 건축가 엘리아 젱겔리스와 조 젱겔리스, 마델론 프리에센도르프와 함께 1975년 OMAOffice for Metropolitan Architecture를 설립했는데 곧 대중의 주목을 받았다. 나중에 AA스쿨의 학생 중 한 명인 자하 하디드가 합류했다. 그들의 작업은 1970년대 후반 포스트모던 고전주의와의 차이를 분명히 보여주는 유일한 독창적 작업이었다.

콜하스의 가장 큰 능력은 자신과 세계를 하나의 결정된 역할에 맞추지 않는 것이다. 바로 이 유연한 거리감, 어디에도 속하지 않는 중간성이 그가 예상치 못한 지점에 도달할 수 있도록 했다. 기존의 건축과 도시의 어떠한 사고와 개념도 거부하고 새로운 사고를 통해 새로운 공간을 구조화한다. 그는 우리 시대 가장 급진적이고 창조적이며 미래를 구축하는 건축가다.

창의적 자유를 허용하지만 결과가 불확실한 많은 건축공모전에 참가하는 그는 건설되지 못하는 프로젝트에 막대한 시간과 돈을 투자한다. 이 점은 콜하스에게 수용가능한 절충안으로 보인다. 콜하스는 돈이나 경제적 문제는 크게 고려하지 않는데 스스로 그것이 자신의 강점이라고 생각한다.

그의 또 다른 특징은 건축가로서가 아니라 저널리스트로 경력을 시작했다는 점인데, 이는 폭넓은 건축적 시야를 갖도록 이끌었다. 저널리스트로서 가진 호기심과 정보에 대한 접근, 실체의 세밀한 조사와 연구, 하나의 연관된 주제로 접근하는 방식, 글을 통해 자기 생각을 옮기는 과정은 분명히 건축에서 훌륭한 결과를 얻는 데 도움이 되었다. 25세 넘어 건축을 공부했음에도 그가 건축에 대한 두려움 없이 일에 접근할 수 있었던 것은 건축적 의미를 구축하는 데 하나의 시사 주제를 구성하는 과정처럼 접근할 수 있었기 때문이다. 건축가로서 실무에 종사하기 전에 글을 씀으로써 글과 사고, 작품과 구성, 생각하기와 건축을 하나로 옮길 수 있었다.

대도시의 비전

콜하스의 도시 작업에 통일된 주제가 있다면 그것은 모든 종류의 인간이 경험하는 열린 무대로서 대도시의 비전이다. 그는 세계의 변화가 사람들을 두려움으로 몰고 있다고 말했다. 동시에 도시를 쇠퇴의 관점에서 보는 위기론자들이 넘쳐나지만, 콜하스는 도시의 정체성을 강화하기 위해 새로운 변화를 모색하고, 동원할 수 있는 모든 건축적 방법을 찾았다.

그는 1990년대부터 작업을 구체적으로 실현하기 시작했다. 프랑스 유랄릴의 도시 마스터플랜에서 로테르담의 쿤스탈Kunsthal Rotterdam, 1992, 다른 주거 프로젝트에 이르기까지 다양한 규모의 프로젝트가 있었다. 가장 널리 알려진 주거 프로젝트는 파리의 빌라 달라바Villa Dall'Ava, 1991와 메종 보르도Maison Bordeaux, 1998가 있다. 이 주택에서 콜하스는 모더니즘 건축가에게 있어 상징적인 고전, 특히 빌라 사보아와 판스워스 주택에서 상징과 형태적 모티브를 가져와 디자인을 정리하고 고객의 요구에 맞춰 재구성했다. 빌라 달라바는 옥상 수영장과 가늘고 불규칙하게 배치된 기둥과 현장에 타설된 콘크리트 벽으로 지상 3층 높이에 쌓인 재료의 역동적 콜라주를 갖는다. 메종 보르도의 디자인은 휠체어 사용자였던 남편의 사무실과 이어지는 대형 엘리베이터로 공간을 연결했다. 사용자의 요구와 디자인 유형과 관련해 다양한 불투명도의 3개 층을 구조화했다.

콜하스의 글쓰기

그의 저작과 작품에는 모순과 불일치가 가득하지만, 한 가지 변함없는 것은 도시에 대한 열정이다. 콜하스에게 도시는 놀랍도록 무작위적이고 기회가 다양하며 혼란스러우며 자유롭다. 그리고 삶에 에너지를 북돋는다. 1978년 출판된 《광기의 뉴욕》[*]을 집필한 것도 자신에게 가장 흥미로운 세계의 관점과 기준을 정의하기 위한 노력이었다. 콜하스에게 글쓰기는 자신의 개념을 정리하는 방식이었다. 《광기의 뉴욕》은 1850년 이후의 혼돈스러운 맨해튼 역사와 문화를 새로운 실험으로 고쳐 썼다. 그러므로 불연속적인 주제가 연속된 이 책은 맨해튼을 체계화되지 않은 도시로 정의하고 인간의 의지와 욕망으로 구축된 공간임을 주장한다. 광기의 뉴욕이 갖는 텍스트는 서술의 형식과 구조를 도시적 관점에서 세분화하고 요소의 결합으로 제시한다. 책의 흐름 자체가 도시적 이동과 몽타주를 제시했다.

---

[*]   렘 콜하스 저. 김원갑 역. 세진사. 2001.

그의 다른 책《S, M, L, XL》는 1995년에 출판되었다. 1,400쪽에 달하는 이 방대한 책은 출판 이전 20년 동안 O.M.A.(이하 OMA)에서 제작한 에세이, 일기, 여행기, 사진, 건축 계획, 스케치, 만화 모음집이다. 이 책을 통해 그는 자신의 건축적 세계를 구체적으로 제시했다. 그 외에도 여러 권의 저술을 통해 자신의 건축을 구체적으로 주장했다. 이 작품들은 현대 사회와 건축에 대한 비평, 건축 프로젝트를 연결시켰으며 개인적 의견을 여러 스케치와 사진으로 엮어 전달한다.

그는 건축이 세계를 창조하는 강력한 힘을 갖지만 동시에 무기력함을 고백한다. 세상을 만드는 일에 참여하는 건축가의 사고가 중요하지만 동시에 고객들의 사고와 자극이 충돌하여 논리의 모순, 무작위성, 경제적 합리화로 건축이 무기력해진다고 보았다.

《S, M, L, XL》는 콜하스에게 있어 중요한 시기에 집필된 저작이다. 1989년 중요한 프로젝트였던 '카를스루에 미술 및 미디어 센터' 건축이 취소되면서 경제적으로 위기에 처했다. 파산 직전에 처했던 그의 사무실은 존폐 위기에 직면했다. 이 시기에《S, M, L, XL》는 콜하스에게 새롭게 사고를 정비하는 계기가 되었다. 그 때문에 이 책에서 '지어진 건축물'과 '지어지지 않은 건축물'의 구분은 의도적으로 애매하게 쓰였고 그러한 구분이 의미 없음을 주장한다. 건축적 사고와 구축의 문제가 실제 건설과는 다른 수준으로 이루어지고 실패는 그에게 또 다른 의미를 얻는 과정으로 작용했음을 밝힌다. 사무소 운영 상황에 대한 언급으로 미루어 이 책으로 자신의 사무실을 새롭게 운영하고 싶었던 것으로 보인다. 그의 바람이 실현되었음을 끊임없이 늘어나는 중국 고층 빌딩으로 확인할 수 있다.

"많은 모순적인 힘들을 이해할 수 없다면
이 시대에 사는 것은 불가능하다.

중국 중앙 텔레비전 본부(CCTV), 베이징, 2012

Rem Koolhaas

비평적 건축

전통적인 생각처럼 의미 있는 건축은 도시의 개발 속도를 따라잡기에 너무 느릴 뿐 아니라 결국 불필요한 경우가 많다. 새로운 개발지의 정착민이나 빈민가에 사는 수십억 명의 사람들에게 건축은 이미 무의미하다. 콜하스는 무의미하고 특성 없는 건축은 도움이 되지 않는다고 인정하며 그것을 '정크 스페이스'라 정의했다. 계층 구조 대신 축적과 구성만을 추가하는 건축, 즉 정크 스페이스가 점점 많아지고 있으며 지구를 덮고 있는 많은 건축물이 정크 스페이스가 되고 있기 때문에, 이로부터 새로운 삶의 가치를 생산할 수 있는 자양분은 부족하다고 설명한다.

이러한 도시에 대한 사고와 연구는 콜하스의 경력을 위한 돌파구였으며 미래에 그가 하는 모든 작업에 영향을 미쳤다. 콜하스의 궁극적인 목표는 건축을 넘어 건축의 범위를 확장하는 것이다. 이것이 콜하스에게 작업의 초점을 둘로 나누어 OMA의 거울 이미지이자 대응물인 A.M.O.(이하 AMO)를 설립한 이유였다. OMA는 혁신적인 디자인 그리고 문제해결의 디자인을 주로 하는 상당히 전통적인 건축설계사무소다. 반면 AMO는 미래를 예측하고 구상하는 콜하스의 가상적 아키텍처의 저수지이며 싱크 탱크다. 실제로 콜하스의 명성 중 상당 부분은 게리 또는 하디드와 같은 독특한 스타일이 아니라 건축적인 요구에 대한 그의 건축이 갖는 독특한 조직과 구조적 반응으로 나타난다. 그 중요한 예로 시애틀 도서관은 미래 신기술과 대중적 요구를 순전히 수용하기보다는 충격적이지만 논리적이며 다이어그램적 디자인 과정을 제시한다. 디자인 개념은 도서관과 서고가 가질 수 있는 이상적인 방식을 구조화했다.

시애틀 도서관

1990년대 후반에 AMO가 창립됨에 따라 이후 OMA에서 대규모 확장이 이루어졌다. AMO는 패션하우스 프라다 매장 및 런웨이 쇼를 포함해 수많은 전시회 및 이벤트 디자인에 참여했다. 2000년대 OMA의 주요 건물에는 시카고 일리노이 공과대학 맥코믹 트리뷴 센터IIT McCormick Tribune Campus Center, 2001, 시애틀 공공도서관Seattle's Public Library, 2004, 포르토의 카사 데 뮤지카Casa da Musica, 2005, 달라스 와일리 극장Wyly Theatre, 2009 등이 있다.

시애틀 도서관은 도서관을 더 이상 책만 관리하는 기관이 아니라 모든 형태의 새로운 미디어와 기존 미디어를 동등하고 읽기 쉽게 제공하는 정보 저장소로 재정의했다. 어디에서나 정보에 액세스할 수 있는 시대에 모든 미디어의 동시성, 그리고 더 중요한 것은 도서관을 중요하게 만드는 콘텐츠의 큐레이팅이다. 때문에 수많은 자료, 도서, 음반, CD, 사진, 영화, 만화, 뉴스, 잡지, 다큐멘터리, 클롭칩, 플로피디스크, 하드, 필름, 지도, 전자책 등 방대한 자료와 필요한 공간을 데이터로 정리해야 했다. 이러한 자료와 함께 도서실, 비디오실, 어린이 서가, 정보 열람실, 공연문화 공간 등 많은 공간을 구조화해야 했다. 이 공간을 그룹화하여 블록으로 만들고 이 블록을 불규칙하게 쌓아 거대한 공간에 열린 복합공간과 닫힌 기능 공간을 통합했다.

시애틀 도서관은 모호한 유연성 대신 특정 목적에 집중하고 장비를 갖춘 공간적 구획으로 조직화하고 세련된 접근방식을 제시했다. 때문에 안정된 공간의 밀도를 높여 컬렉션을 통제하고 열린 공간의 안정된 활용성 건축물은 적어도 두 가지로 살아남는다.
그 하나는 건축가에 의하여 상상된 것으로,
또 다른 하나는 그 이후에 스스로 살아남는 것이다.
그리고 그 둘은 결코 같지 않다.

시애틀 공공도서관, 시애틀, 2004

을 유지했다. 시애틀 도서관은 전형적인 미국식 고층건물이 지닌 바닥의 중첩을 근본적으로 수정하여 서로 이격시키고 교차하고 거대한 빈 공간을 만들어서 기하학적 형상이 주는 그늘과 채광, 거주성, 열림을 제공한다. 도서관의 각 입면 파사드는 특정 날씨와 배경 그리고 보는 각도에 따라 다르게 보이며, 상징적이고 불안정한 역동성을 제공한다.

시애틀 도서관의 해체된 프로그램Program*과 형식은 파편화된 요소들이 연속적인 하나의 플랫폼 위에 구축되게끔 한다. 복합적 프로그램과 공간의 중첩에 의해 더 이상 수직적이고 수평적인 형태와 위계는 존재하지 않는다. 이분법적인 구분, 경관과 건축, 주체와 객체, 자연과 문화, 형태와 배경의 구분도 해체된다. 경계는 중첩되고 교란되고 중재되며 재구축된다. 이러한 과정을 가속화하는 것은 건축적 프로그램과 다이어그램의 조정과 해체에 의한 것이다.

카사 데 뮤지카, CCTV, 리움 미술관

포르투갈 포르토에 있는 음악의 집, 즉 카사 데 뮤지카Casa da Musica의 형태는 내부의 홀과 오디토리엄을 감싸는 외피의 접기로 완성된다. 여러 기능적인 프로그램은 하나의 연속된 동선의 꺾기-잇기-접기-뚫기의 반복으로 매스Mass의 내부공간을 수직적으로 연결한다. 연결된 공간은 상자처럼 삭제된 공간으로 비어있고 이 삭제된 공간은 외부공간과 상호작

---

* 건축물이 지니는 기능과 용도를 결정하는 것을 의미한다. 이는 건축물이 설계되기 전에 먼저 정의되어야 하는 요소 중 하나다. 프로그램은 건축물이 어떤 목적으로 사용될지를 명확하게 정의하고, 이를 바탕으로 한 건축물의 구조, 기능, 인테리어, 외관 디자인 등의 결정 및 과정을 의미한다.

건축은 전능함과 무능함의 위험한 혼합이다.
이것을 정의하자면, 혼돈의 모험이며
다른 말로 유토피아적 사업이다.

카사 데 뮤지카, 포르투, 2005

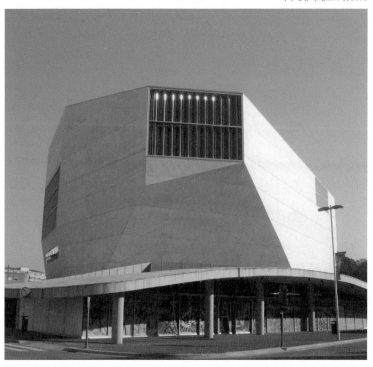

용을 한다. 공간적인 연속성의 폴딩, 외피의 폴딩이 동시에 존재한다. 내적인 요구를 반영한 부정형의 매스는 임의적인 모서리와 거대한 다각형의 표면으로 이루어진 단일한 볼륨의 물성을 드러낸다. 매스의 개구부 디자인은 기능적 공간과 외부를 연결하는 거대한 입처럼 열려 단일한 매스에 변화와 리듬, 방향성을 부여한다.

콜하스의 담론은 2014년 베니스 비엔날레 감독에서 건축을 기본요소로 분해하는 것부터 스마트 시티의 실현가능성, 나이지리아 라고스의 도시 연구에 이르기까지 다양하다. 현 세기의 가장 비싸고 유명한 OMA 프로젝트는 중국 베이징의 중국 중앙 텔레비전CCTV 본부 건물과 중국 나스닥 선전 증권 거래소 건물일 것이다.

CCTV를 설계할 때 콜하스는 종종 정부 기업을 상징하고 랜드마크를 생성하는 데 사용되는 전형적인 마천루 형태를 선택하지 않았다. 베이징 사람들이 '거대한 바지'라고 부르는 이 건축물에는 여러 부서를 새로운 3차원적 시스템을 통해 대지에 연결하려는 노력이 담겨있다. 이러한 시스템의 구조화를 통해 전체에 질서를 부여하는 볼륨으로 설계되었다. 이 건물 안에 여러 동선과 이동경로들은 새로운 공간 구조의 가능성을 제시한다. 교차 프로그래밍에 의해 전체 건축물의 요구사항들을 재정리했다. 불행히도 순환 동선 시스템 계획의 오류로 화재가 일어나 2009년 이 건축물과 인근 호텔이 거의 파괴되어 이후 다시 재건축하였다.

콜하스의 대표적인 국내작품으로는 리움Leeum, 2004, 서울대학교 미술관2006, 광교의 갤러리아 백화점2020이다. 리움은 한남동에 위치한 삼성그룹재단의 미술관으로 콜하스는 삼성아동교육문화센터를 계획하였다. 서울대학교 미술관은 최초의 대학미술관으로 2006년 독특한 형태로 재개관하였다. 렘 콜하스의 OMA가 설계한 광교의 갤러리아 백화점은 12만 장의 화강석 타일을 사용하여 거대한 암석층을 생성하고 전체 볼륨은 휘감아 오르는 듯한 유리 파사드와 암석질의 물성으로 이루어졌다. 이에 역동적인 지층은 지상에서 옥상으로 솟아오르는 대지의 융기를 보여준다.

현대 도시의 비전을 창조한 건축가

대부분의 건축가가 나이 들수록 더 많은 수임료를 받고 소규모 작업을 줄이려 하는 반면 79세의 콜하스는 여전히 새로운 도전을 추구하며 우리 시대에 끊임없는 도발자로 남아있다. 중국 중앙 텔레비전CCTV 본부 건물을 포함한 여러 작품이 일부 비평가에게 냉소적인 비평을 받았으나 여전히 많은 사람이 그의 작품에 감탄한다.

도시에 대한 불확실성과 자유로움, 건축적 회의, 비판론적 주장은 콜하스를 가장 논란이 많은 인물이자 안티-아키텍트anti-architect*로 만들었으나 그의 건축적 주장과 묘사는 항상 건축의 다음 단계를 추적하고 있다. 그의 사무실에서 수많은 걸출한 건축가를 배출한 것도 그가 미래의 세계를 구상하고 예측하며 선도하고 있다는 증명이다. 그가 배출한

---

* 일반적으로 통용되거나 인정되는 그리고 전통적인 건축 방법과 양상에 대하여 반대하고 비판적 태도를 가진 경향을 일컫는다.

OMA의 건축가들이 그를 현대건축의 대부라고 부르는 것도 무리가 아니다. 많은 건축가가 콜하스를 공간의 프로그램과 상호작용을 보는 방식에 혁명을 일으켰고, 동시대 건축의 기능을 새로운 장소로 창조하는 건축물을 창조한다고 평가한다.

카타르 국립도서관, 카타르, 2017

Rem Koolhaas

Antoni Gaudi i Cornet

안토니 가우디 이 코르네트

스페인 카탈루냐 레우스 1852 ~ 스페인 바르셀로나 1926

사그라다 파밀리아, 바르셀로나, 2026년 완공 예정

바르셀로나의 또 다른 이름

구리 세공인의 아들로 태어난 가우디는 어려서부터 류마티스 질환에 시달려 뛰어다니지 못했다. 주로 집에 머물렀고 움직일 땐 당나귀를 타고 다녀야 했다. 의사는 그에게 채식과 걷는 운동을 추천했고, 필립 네리 교회까지의 산책은 하루 의식이자 평생 습관이었다. 가우디는 자유롭게 움직일 수 없었지만, 그의 눈과 생각은 자유로웠다. 그는 놀라운 통찰력으로 장로들을 당황케 했던 조숙한 아이였다.

가우디는 레우스에 있는 가난한 성직 수도회 학교에서 드로잉으로 예술적 재능을 드러냈다. 17세에는 바르셀로나로 이주해 수녀원 델 카르멘에서 공부했다. 또한 지로나 스쿨과 바르셀로나 고등 건축학교에서 건축을 공부했으며 1878년에 졸업했다. 건축 외에도 프랑스어, 역사, 경제, 철학, 미학을 공부했다. 성적은 평균이었고 때로 낙제를 하기도 했다. 학생 시절부터 세미나와 도면 작업, 이론적 연구 외에도 돈을 벌기 위해 여러 건축가의 사무실에서 일했다. 대학 때에는 건축에 대한 열정을 드러냈을 뿐만 아니라 강인한 기질을 보여주었다. 그는 드로잉에 분위기를 주기 위해 도면에 영구차를 그렸는데 당면한 건축 주제보다 그 마차를 훨씬 더 정확하게 그렸다. 당시 교수들은 자신의 방식대로 일을 처리하는 가우디의 재능에 눈을 떼지 못했다.

대표작으로 카사 빈센스1880, 구엘 저택1889, 카사 바트요1906, 카사 밀라1910, 구엘 공원1914, 사그라다 파밀리아 성당 등이 있다.

가우디 스타일

가우디가 건축가 지망생이던 시절, 바르셀로나 젊은이들에게 반가톨릭적 태도가 유행하고 있었다. 가우디 또한 반가톨릭적 태도를 취했고 새로운 사회 이론과 사상에 매료되었다. 그는 지식인과 예술과 사회에서 편안함을 느꼈지만, 노동자에게 끊임없는 관심을 가졌다. 그의 첫 번째 프로젝트가 공장 노동자를 위한 숙박시설인 점은 이상한 일이 아니다.

마타로 프로젝트는 사회적 환경개선을 위한 건축적 전제조건을 만들기 위한 것이었다. 그러나 아직 가우디의 명성이 무르익지 않았기에 공장 홀과 작은 키오스크만이 건설되었다. 그럼에도 마타로 프로젝트는 그의 이름을 알리는 계기가 되었다. 이 프로젝트는 1878년 파리 세계 박람회에 전시되었고 이후 에우세비 구엘Eusebi Guell과 평생 우정을 맺게 되어 그를 위해 수많은 건물을 설계했다.

당시 바르셀로나는 진취적인 도시였다. 1854년 스페인 정부는 신도시 건설을 결정하고 성벽을 허물어, 도시는 사방으로 무너지고 있었다. 불과 몇 년 만에 표면적이 약 50에이커에서 500에이커 이상, 19세기 후반에 인구가 4배나 증가했으며, 면화와 철 산업 덕분에 무역이 번성했다. 부자들은 예술가와 작가들에게 둘러싸여 있는 것을 좋아했다. 그들이 한 지붕 아래 사는 것이 유행일 정도였다. 이런 현상은 건축가에게 이상적인 환경이었다.

초기에 가우디는 발터 페이터, 존 러스킨, 윌리엄 모리스와 같은 건축 이론가를 연구했다. 또 인도, 페르시아, 일본의 예술에서 영감을 얻었다. 동양예술 운동의 영향은 카프리초, 구엘 저택, 구엘 파빌리, 카사 빈센스와 같은 작품에서 볼 수 있다. 나중에 그는 프랑스 건축가 비올레 르 뒤크 Viollet-le-Duc*의 아이디어를 따라 당시 유행했던 네오고딕 양식을 고수했다. 이후 가우디는 자연에서 영감을 받은 유기적 스타일로 보다 개인적인 작품을 만들기 시작했다.

바르셀로나의 혁명가

경력 초기의 그는 결코 혁명가가 아니었다. 그러나 스타일에 대한 그의 탐색과 노력은 당시 유럽의 상황에 따라 변화했다. 유럽 건축은 유동적이었고 변화를 수용하고 있었다. 고정되고 절대적인 규범은 없었다. 역사와 과학은 19세기에 확립되었으며 지난 세기의 예술도 이 시기에 정리되었다. 가우디는 정립되는 역사와 예술을 직접 경험했다. 이후에 그의 작품은 고전의 절대적 원칙에서 벗어나기 시작했다.

　가우디는 고전적 스타일을 고수하지 않았다. 그대로 모방한 적은 없지만 과거의 건물에서 영감을 얻는 방식을 선호했다. 따라서 그는 오래된 고전적 형태와 디자인, 장식적 요소를 차용하여 사용하는 것, 즉 무비판적 모방에 대하여 반대하는 비올레 르 뒤크의 가르침을 따랐다.

　바르셀로나에서 가우디는 완전히 혁신적이었다. 카사 바트요가 색채에 도취된 건축가의 넘치는 상상력을 드러냈다면, 카사 빌라는 그를 인간의 손이 만들어낸 인공적 창조물로서 건축에서 더욱 멀어지는 건축가

---

*　비올레 르 뒤크는 그의 책《건축의 보존》(Entretiens sur l'architecture)에서 고전적 형태와 디자인을 차용하거나 적용하는 것은 단지 형태적인 외관만을 모방하는 것이 아니라 그 구조와 구축방식까지 적절한 방식으로 발전시켜 건축해야 한다고 주장하였다.

"자연에는 직선도 날카로운 모서리도 없다.
그러므로 건축물도 직선이나 날카로운 모서리를 가질 수 없다.

카사 밀라, 바르셀로나, 1910

Antoni Gaudi i Cornet

임을 보여주었다. 푸른빛이 도는 파사드의 광택은 작은 거품 봉우리로 장식된 바다의 표면을 연상시킨다. 창틀과 프레임은 점토로 만든 듯 자유롭게 흐른다. 양쪽으로 소박하게 디자인된 두 집 사이에 단단히 삽입되어 있지만 정면은 역동적으로 움직이는 듯하다. 모든 것이 부풀었다가 후퇴하는 것 같다. 굴뚝이 많은 지붕은 구엘 공원의 축소판처럼 보인다. 각 방은 일반적으로 개별적으로 난방되기 때문에 중앙난방은 바르셀로나에서 일반적이지 않았다. 이것은 가우디에게 지붕 꼭대기에 변덕스러운 굴뚝을 세울 기회를 제공했다. 바르셀로나 시민들은 어리둥절했다. 그들은 이전에 이와 같은 것을 본 적이 없었다. 집은 어떤 형태의 분류도 거부했다.

가우디는 항상 자신이 실패했다고 느꼈고 그런 취지의 말을 자주 했는데, 그가 살아있는 동안 공식적인 상을 거의 받지 못했기 때문일 것이다. 그의 건축적 아이디어는 정부나 시 당국의 인정과 찬사를 받기에 너무 대담했다. 카사 칼벳Casa Calvet은 그의 작품 중 유일하게 상을 받은 작품으로 가장 전통적인 건축물이다.

가우디에 대한 대중의 인정은 부족했지만, 그의 천재성을 인정한 개인 후원자들이 항상 그의 곁에 있었다. 첫 번째 프로젝트를 마친 후 그에게 많은 건축물 디자인 의뢰가 들어왔고 카사 빈센스, 시골집, 엘 카프리초, 구엘 저택을 작업했다.

사그라다 파밀리아의 시작

1881년, 가우디 일생의 가장 중요한 작업이 될 건축물이 계획되었다. 성

요셉 숭배자 협회는 당시 바르셀로나의 도시 경계에 위치한 주택 전체를 구입해 이 땅에 성 가정을 위한 성당 즉 사그라다 파밀리아Sagrada Familia 를 지을 계획을 세웠다. 이 프로젝트는 단순히 교회 건물을 짓는 차원이 아니라 전통적인 가치로의 복귀에 대한 호소였으므로 학교, 일터, 복지 공간과 같은 사회시설 단지로 교회를 둘러싸는 것이 요점이었다.

그러나 이 시점에는 가우디가 아직 어리고 알려지지 않은 시기라 그에게 건축을 맡길 생각을 한 사람은 없었다. 젊은 가우디가 일했던 몬세라트 교회의 건축가 프란시스코 드 빌라르Francisco de Villar에게 사그라다 파밀리아 설계 의뢰가 갔다. 빌라르는 신고딕 양식의 모델을 제출하고 토목공사를 시작했으나 결국 협회와 결별하고 프로젝트에서 물러났다. 그 뒤 가우디가 책임을 맡게 되었다. 1883년 11월 가우디는 성당 건축 책임자가 되었고 이후 그는 작업에만 전념했다.

타일과 돌의 혼합

같은 해 두 개의 주요 프로젝트를 더 완성했는데 그중 하나가 카사 빈센스Casa Vicens다. 성당 책임자가 되기 전인 1878년 벽돌 제조업체 마누엘 빈센스 몬타네르가 가우디와 계약을 맺어 건설한 이 작품의 매력은 외부 피사드와 내부 디자인에서 비롯된다. 모스크의 첨탑을 연상시키는 작은 탑이 지붕을 장식했다. 섬세하게 제작된 타일 패턴은 무어 양식Moorish Style 건축*에서 보이는 격자 패턴과 비슷한 인상을 준다. 타일로 마감된

---

* 중세 스페인의 이슬람 건축 스타일

벽의 장식적인 인상은 내부에서도 반복된다.

이 작품의 가장 흥미로운 점은 미완성 잔해와 재료의 혼합이다. 장식용으로 보이는 타일과 값싼 돌의 혼합은 그의 작업에서 반복되는 특징이며 가우디의 첫 번째 위대한 건축적 업적으로, 그의 또 다른 작업 스타일을 드러낸다. 이 작업은 완성하는 데 5년이 걸렸다. 하나의 아이디어가다른 아이디어로 이어지는 가우디의 유기적 건축 스타일은 이 시기부터 진화하기 시작했다. 가우디의 후원자는 거의 파산 위기에 처했으나 그는 이후로 몇 년 동안 많은 수익을 얻었다. 가우디의 세라믹 타일 사용은 카탈로니아에서 유행을 일으키고 빈센스는 이러한 타일을 대량으로 생산했다.

가우디는 카사 빈센스와 동시에 산탄데르 근처 코밀라스에 있는 시골집 작업에 참여했는데, 두 작품의 스타일은 비슷했지만 빈센스가 훨씬 더 상상력이 풍부했다. 여기에서도 기초는 장식되지 않은 돌로 만들어졌다. 그러나 벽은 다채로운 타일로 풍부하게 장식되었다. 무어의 영향은 이 작품에서 더욱 뚜렷하게 드러난다. 가우디의 아이디어인 '뚜껑'이 위에 있는 첨탑처럼 가느다란 탑이 솟아있다. 자세히 살펴보면 타일의 패턴이 완전히 유럽적이고 무어적으로 보인다.

후원자 구엘과의 만남

가우디의 든든한 후원자였던 에우세비 구엘은 카탈루냐의 부호였다. 구엘의 집은 예술가들에게 언제나 열려있었기에 가우디도 손님으로 초대되었다. 가우디가 윌리엄 러스킨과 윌리엄 모리스의 영향력 있는 글을 처음 접하게 된 것도 구엘의 도서관이 아니었을까 짐작해볼 수 있다. 가우디는 구엘의 집에서 아르누보Art Nouveau*를 처음 접했다. 화가와 시인들은 중세로의 회귀를 주창했으며 특히 풍부한 장식의 사용을 통해 엄격한 고전주의적 예술 규칙으로부터의 자유를 열망했다. 구엘은 가우디에게서 예술적 천재성과 사회적 헌신을 보았고 가우디는 자신을 통해 이상을 충족하는 구엘에게서 고귀함을 발견했다.

가우디 건축의 새로운 방향은 구엘 저택 프로젝트에서 볼 수 있다. 1866년 가우디는 바르셀로나에 있는 제조업체의 대저택을 진정한 궁전의 모습으로 확장했다. 여기서 가우디의 독창적인 스타일이 본격적으로 드러났다. 그는 확정된 계획으로 건설을 시작하지 않고, 설계를 진행하면서 건설을 진행했다. 마치 식물이 자라면서 변화하는 것처럼 가우디의 건물은 점진적인 과정을 거쳤다. 바그너를 사랑하는 구엘을 위해 건물 주변에 작은 음악실을 세울 예정이었으나 이 음악실은 건설과정의 새로운 단계마다 매력적으로 업그레이드되어, 결국 건물 중앙에 3층에 걸쳐 자리하게 되었다. 마차를 위한 일종의 지하 주차장과 화려하게 장식된 기이한 굴뚝 그리고 숲이 있는 궁전은 독창적 상상의 산물임을 입증했다. 수많은 아르누보 장식품과 고딕 건축을 연상시키는 뾰족한 아치로 장식된 궁전은 언제나 빛이 난다.

구엘이 시작한 야심찬 프로젝트를 통해 가우디의 영향력도 확장되었

---

* 19세기 말기에서 20세기 초기에 걸쳐 프랑스에서 유행한 장식 양식. 식물적 모티브에 의한 곡선의 장식 가치를 강조한 독창적인 작품이 많으며, 20세기 건축이나 디자인에 많은 영향을 미쳤다.

창조는 인간이 만든 매개물을 통해 끊임없이 지속된다.
그러나 인간은 창조할 수 없다.
발견할 뿐이다.

구엘 저택, 바르셀로나, 1889

다. 구엘은 영국의 정원에 완전히 매료되어 바르셀로나에도 비슷한 작품을 만들고 싶었다. 가우디는 시골과 완벽한 조화를 이루는 정원도시를 만들고자 했다. 이 프로젝트를 위해 원래 계획된 건물 중 실제로 만들어진 건물은 두 채뿐이었다. 구엘 공원은 가우디의 수많은 미완성 작품 중 하나가 되었다. 그러나 공원은 그 자체로 독특하고 대담한 작품이 되었다. 무엇보다 성숙기에 접어든 건축가 가우디의 상상을 현실로 완벽하게 구현한 최초의 작품이다. 이 작품의 구조, 특히 중앙의 거대한 테라스는 대담한 모양을 하고 있고 가우디가 이전의 모든 건축 관행의 틀을 깨뜨렸다는 것을 보여주며, 표면과 모서리 디자인은 자유를 상징한다.

이 프로젝트를 통해 가우디는 처음으로 건축가라는 직업에 대한 포괄적인 개념을 실천에 옮겼다. 그는 건축가는 화가이자 조각가여야 한다고 여겼으며 건축을 종합예술이라고 믿었다.

연구와 실험

자연에 대한 기하학적 연구는 가우디가 자연에서 발견한 형태를 반영하는 쌍곡선, 포물면, 나선, 원뿔과 같은 규칙적 기하학으로 변역되었다. 가우디는 덤불, 갈대 및 동물 뼈 등 자연에서 풍부한 예시를 발견했다. 그는 나무줄기나 인간의 골격보다 더 나은 구조는 없다고 말했다. 이러한 형태를 기능적이면서 동시에 미학적이라고 여겼던 가우디는 자연의 언어를 건축의 구조적 형태에 적용하는 방법을 발견했다. 그는 나선 모양을 움직임과 동일시하고 쌍곡면을 빛과 동일시했다. 포물면, 쌍곡면, 나선은 빛의 입사각을 지속적으로 변화시키며 그 행렬 자체가 풍부하여 장식과 모델링을 불필요하게 만들었다.

가우디가 널리 사용하는 다른 요소는 현수 아치Catenary Arch*였다. 그는 어릴 때부터 기하학을 연구하고 공학에 관한 글을 읽었다. 현수교 건설에만 사용되었던 현수선(懸垂線, Catenary)의 장점을 가우디는 건축에서 구조적으로 처음 사용했다. 카사 밀라, 테레시안 대학, 콜로니아 구엘 지하실, 사그라다 파밀리아와 같은 작품의 현수선 아치는 현수선이 무게를 균등하게 분배하여 영향을 받는다는 점을 이용했다. 이 실험은 가우디의 건축 구조에 힘을 실어주었다.

가우디는 건축을 시작하기 전에 구조적 실험을 했다. 구엘교회에서 대담한 아치 디자인을 계획할 때, 끈으로 모델을 고안했으며 이를 통해 지지하는 아치와 기둥이 지탱해야 하는 무게에 해당하는 작은 모래 자루를 매달았다. 이것은 일종의 거꾸로 된 모델 역할을 했다. 최종 구조가 어떻게 생겼는지 명확히 이해하려면 그림을 거꾸로 뒤집으면 되었다. 이 절차는 첫 번째 실험 이후 수십 년이 지난 오늘날에도 사용된다.

가우디의 작품은 도면만으로는 디자인될 수 없었다. 유기적인 공간 디자인뿐 아니라 공간의 독특한 느낌 때문이다. 가우디의 열망은 기존의 벽에서 벗어나는 것이었다. 집에 대한 그의 이상은 그 자체로 살아있는 것처럼 보이는 유기적 몸이었다. 그는 항상 자신의 공간 디자인 끝에 수공예를 이용했는데 이 단계는 상상력을 요구했다. 때문에 작업을 시작하기 전에 대장장이로서 빈 공간을 상상했다.

---

* 하중에 의하여 자연스럽게 곡선을 이루는 현수선을 구조적으로 적용한 아치

"형태는 꼭 기능을 따를 필요가 없다.

카사 바트요, 바르셀로나, 1906

Antoni Gaudi i Cornet

1853년 영국 미술이론가 존 러스킨이 말했듯이 장식은 건축의 기원으로 여겨졌다. 그의 글은 스페인에서 열광적으로 탐닉되었고 가우디에게도 영향을 미쳤다. 이로부터 30년 후 가우디는 자신만의 방식으로 장식을 옹호했다. 1880년대말에 바르셀로나에서 그가 디자인한 구엘 저택의 커다란 철문은 아르누보의 절정이었다.

가우디는 프랑스 건축가들이 전파한 네오고딕 양식을 연구했다. 비올레 르 뒤크의 11세기부터 13세기까지의 프랑스 건축에 관한 책은 젊은 건축가들에게 성경이 되었다. 가우디도 예외는 아니었다.

네오고딕과 동양적 표현기법에 관심을 가진 가우디는 19세기 말과 20세기 초에 절정에 달했던 모더니즘 운동에 참여했다. 그의 작품은 주류 모더니즘을 초월하여 자연 형태에서 영감을 받은 유기적 스타일로 옮겨갔다. 가우디는 자신의 작품에 대한 자세한 계획을 거의 그리지 않았고, 대신 3차원 축소 모형으로 만들고 구상한 대로 세부사항을 구축했다. 그는 비올레 르 뒤크가 도시의 오래된 부분을 복원한 카르카손느Carcassone까지 여행하며 성벽을 집중적으로 연구했는데, 그 태도가 어찌나 열정적이고 진지했는지 동네 주민 한 명이 가우디를 바울레 르 뒤크로 오해해 자신의 집으로 데려가 존경을 표하는 일도 있었다.

가우디는 유명해진 이후, 이전 모습을 찾아볼 수 없을 정도로 초라한 행색으로 다녔다. 건축 외에는 아무 생각도 하지 않았고, 그러한 행색 덕분에 사람들의 관심을 피할 수 있었다. 그의 사진이 거의 남아있지 않은 이유다.

미완의 사그라다 파밀리아 성당

1914년 이후, 그는 새로운 작업을 수행하지 않고 오로지 대성당 작업에만 전념했다. 건설 현장의 작업장에 거주하며 노동자들과 수시로 프로젝트에 대해 논의했다. 그 결과 수년에 걸쳐 많은 변화가 있었으며 그것은 가우디의 창조적 열정의 통합체였다. 지나치게 높은 포물선 모양의 아치는 (거대하고 가느다란) 우뚝 솟은 타워에서 반복된다. 그리스도의 탄생을 기념하는 정면의 4개의 기괴한 첨탑은 구엘 공원과 같이 거대한 면적의 색상을 사용했다. 가우디에게 교회는 어떤 경우에도 다채로워야 했다. 무엇보다 가우디는 이 교회를 통해 고딕 양식이 어떻게 완성되었는지 보여주었다. 가우디의 작업들은 작품 수가 아니라 복잡성 면에서 수많은 조수, 예술가, 건축가 및 다양한 분야 장인의 협력이 필요했다. 가우디는 모든 일에 늘 앞장섰고 모든 동료의 개별 능력을 작품에 표현할 수 있었다.

가우디는 가장 단순한 재료로 진정한 불가사의를 창조했다. 자연은 다른 많은 작업에서 그랬던 것처럼 여기에서도 그의 모델이 되었다. 그는 사그라다 파밀리아의 디자인 개념을 똑바로 서있는 나무, 즉 가지가 차례로 나고 잎사귀를 낳는 모습에서 그리고 모든 부분이 자라는 모습에서 가져왔다고 했다. 그래서 사그리다 파밀리아 본당을 여러 방향으로 뻗어 올라가는 기둥의 숲으로 설계했다.

가우디는 성당을 꾸밀 아름다운 당나귀, 지친 성자의 모습, 훌륭한 표정을 표현하기 위해 직접 모델을 찾았으며 많은 조각품을 직접 디자인했다. 그는 인물의 몸짓에 집중해 해부학을 철저히 연구했다. 그뿐만 아니라 인간의 골격을 연구하고 때로는 와이어로 만든 인형을 사용해 조각하려는 인물의 적절한 자세를 테스트했다. 그는 다양한 시점을 제공하는 거울을 사용해 모델을 촬영했다. 그런 다음 사람과 동물의 형상을 석고 모형으로 만들었다. 이러한 자연과의 친화력으로 아르누보 예술가와 가우디를 구별할 수 있다. 아르누보의 장식적 변형은 자연적 형태를 기반으로 하지만 순전히 장식적이며 무엇보다 2차원적이며 선형이다. 그러나 가우디에게 자연은 입체적 표면 아래에서 작용하는 힘으로 구성되며, 이는 내적 힘의 표현이다.

천재의 초라한 죽음

실용주의자였던 가우디는 다른 건축가들과 달리 도면 작업을 하지 않았다. 그는 항상 건설 현장에 있었고, 노동자들과 이야기하고, 생각하고, 초안을 작성하고, 현실적이지 않은 아이디어를 거부했다.

가우디는 자신의 건축이 미래에 영향을 미칠 것을 알았다. 사그라다 파밀리아 성당이 위대한 대성당 중 하나인가 하는 물음에 가우디는 완전히 새로운 스타일의 작품이 될 것이라고 답했다. 그러나 이 예언은 아직 성취되지 않았다.

어느 날 퇴근 후 산책길, 불행히도 가우디는 전차에 치인 채로 끌려가는 바람에 의식을 잃고 쓰러졌으나 바르셀로나에서 가장 유명한 인물을 그 누구도 알아보지 못했다. 초라한 옷을 입은 노인을 도와주는 사람은 아무도 없었다. 그를 병원으로 옮기기를 거부한 택시 기사는 큰 처벌을 받았다. 뒤늦게 병원으로 옮겨졌지만 늑골이 부러지고 뇌진탕에 왼쪽 얼굴은 귀까지 문드러졌다. 그리고 이틀 후 숨을 거뒀다.

그의 비문에는 이렇게 적혀있다.

"레우스의 안토니 가우디 코르네트. 모범적인 삶의 사람이자 비범한 장인. 이 놀라운 작품 사그라다 파밀리아의 건축가는 74세의 나이로 1926년 6월 10일 바르셀로나에서 경건하게 세상을 떠났습니다. 이 위대한 사람이 죽은 자의 부활을 기다리나니 그가 편히 쉬기를 빕니다."

미완의 작품 사그라다 파밀리아 성당은 가우디 사망 100주기에 맞춰 2026년 완공 예정이지만, 가우디 사후에도 서쪽 파사드 작업에만 30년이 걸렸으므로 언제 완공될지 정확히 알 수 없다.

12

Frank O. Gehry

프랭크게리
캐나다 토론토 1929 ~

구겐하임 미술관, 스페인 빌바오, 1997

비정형 건축의 대표 건축가

어린 시절 게리의 할머니는 게리와 함께 상상의 집과 미래의 도시를 건설했다. 창의적이었던 게리는 할머니의 응원에 힘입어 나무조각으로 작은 도시를 건설했다. 게리의 작품이 골판지 강철, 체인 링크 울타리, 도색되지 않은 합판 및 일상적인 재료를 사용하는 것은, 할아버지의 철물점에서 토요일 아침을 보낸 데서 영감을 받은 것이라 할 수 있다. 또한 아버지와 함께 그림을 그렸고 어머니는 그에게 예술의 세계를 소개했다.

1947년 그의 가족은 미국으로 이주해 캘리포니아에 정착했다. 게리는 트럭을 운전하면서 LA 시티 칼리지에서 공부했고, 서던 캘리포니아 대학을 졸업했다. 대학 졸업 후 미군 복무를 포함해 수많은 다른 직업을 경험했다. 1956년 가을, 하버드 디자인 대학원에서 도시계획을 공부했으나 프로그램을 마치기 전에 낙담하고 떠났다. 사회적 공공건축에 대한 게리의 아이디어는 충분히 실현되지 않았고 다른 시도 역시 좋은 결과를 얻지 못했다. 1961년에는 파리로 이사해 건축가 앙드레 레몽데 밑에서 일한 후 이듬해 LA에 자신의 사무소를 열었다. 비트라 디자인 미술관 Vitra Design Museum을 완성한 1989년에 프리츠커상을 수상했으며, 이후로도 건축사에 한 획을 긋는 작품들을 만들었다.

대표작으로 내셔널 네델란덴 빌딩1996, 빌바오 구겐하임 미술관1997, 월트 디즈니 콘서트홀2003 , 클리블랜드 클리닉의 루 루보 뇌질환 연구센터2010, 루이비통 메종 서울2019 등이 있다.

게리 스타일의 시작

"나는 LA 트럭 운전사였고 시티 칼리지에 다녔고 라디오 방송을 했지만 잘하지 못했다. 화학공학을 전공했지만 잘하지 못했고 좋아하지도 않았다. 당시 '내가 뭘 좋아하지' 하는 생각에 골몰했다. 내가 어디에 있었지? 무엇에 열광했지? 생각해보면 미술을 좋아하고, 박물관에 가고, 그림 보는 것을 좋아하고, 음악을 좋아했다. 나를 콘서트와 박물관에 데려다준 어머니의 영향이다. 그리고 할머니를 통해 직감적으로 건축에 호기심을 가질 기회를 얻었다." 게리가 회고한 내용을 토대로 우리는 그의 창의적인 건축물에 어린 시절 가족의 영향이 적지 않음을 알 수 있다.

게리의 초기 작업은 모두 남부 캘리포니아에서 이루어졌는데, 산타모니카 플레이스와 같은 혁신적인 상업 구조물과 캘리포니아 베니스의 노턴 하우스Norton House와 같은 특이한 주거용 건물을 설계했다. 당시 작품들 중 가장 눈에 띄는 디자인은 1920년에 지어진 집을 1977년에 구입해 거주하고 있는 게리 하우스Gehry House다. 오래된 집을 구입해 개축한 그의 집은 건축에 대한 자신의 생각을 잘 드러낸 초기 작품이다. 원래의 집 주변으로 금속, 목재 등의 재료를 활용해 새로운 구조물을 구축한 것인데 이중적이며 자유롭다. 겉으로 보기에 아직 공사 중인 것처럼 보이기도 하는 특이한 이 집은 외관이 어수선하다는 주민의 민원을 듣기도 했지만, 증축한 집이 공개되자 많은 건축가의 방문지가 되었을 뿐 아니라 해체주의 건축의 상징이 되었다. 게리는 자신의 새로운 집 구조체에서 어떠한 이음매도 없는 디자인이 탄생하기를 바랐다. 동시에 증축된 부분이 어디인지 알 수 없도록 했다.

Frank O. Gehry

가장 훌륭한 작품은 자기 자신을 표현한 것이다.
그러한 작업이 가장 훌륭한 건축가를 만들지 못할지라도
그렇게 작업할 때, 전문가가 된다.

게리 하우스, 산타모니카, 1978

그의 초기 작업은 나중의 율동적이며 역동적인 작품과는 달리 직선과 교차하는 구조체가 기하학적으로 드러난다. 이러한 시도는 매우 성공적이었고 이후 게리의 작업에 한 경향을 이루었다. 사실 그의 작업에서 새로운 구조는 임의적으로 부가된 것으로 보이며 계획되지 않는 불확실성을 드러낸다. 게리 하우스는 그의 사고와 작업방식, 디자인 경향을 결정짓는 중요한 작품이다.

프리츠커상 그 이후

1989년, 게리는 프리츠커상을 수상했다. 심사위원단은 게리를, 항상 실험에 개방되어 있으며 피카소와 같은 방식으로 비판적 수요나 성공에 얽매이지 않는 확신과 성숙함을 지니고 있다고 보았다. 그의 건축물은 공간과 재료가 병치된 콜라주다. 게리가 설계하고 건축한 건물 대부분이 프리츠커상을 수상한 이후에 지어졌다는 것은 새삼 놀라운 부분이다.

게리는 '거대한 쌍안경 조각'으로 잘 알려진 클래스 올덴버그Claes Oldenburg와 공동으로 베니스의 치아트 데이 빌딩Chiat Day Building, 1991과 같은 주목할 만한 건물을 계속 설계했다. 독일 비트라 가구 공장과 디자인 박물관Vitra Design Museum, 1989, 미네소타주 미니애폴리스에 있는 와이즈만 아트 뮤지엄Weisman Art Museum, 1993, 파리 시네마테크 프랑세즈Cinémathèque Française, 프라하의 내셔널 네델란덴 빌딩1996 등 그의 작품은 세계적인 명소가 되고 있다.

1997년, 스페인 빌바오에 위치한 구겐하임 미술관Guggenheim Museum Bilbao이 문을 열었을 때 게리는 새로운 차원의 국제적 찬사를 받았다.

건축, 그리고 모든 예술은 개인을 변화시킨다.
심지어 인간을 구원한다.
이는 아이들에게도, 그리고 나에게도 그렇다.

〈뉴요커〉는 빌바오 구겐하임 미술관을 "세기의 걸작"으로 기록했다. 전설적인 건축가 필립 존슨이 "우리 시대의 가장 위대한 건물"로 언급한 이 박물관은 인상적이면서도 미적으로 만족스러운 디자인과 경제적 효과로 유명해졌다. 현대건축의 대부이자 미스 반 데어 로에와 함께 맨해튼의 상징적인 건축물 시그램 빌딩을 완성한 필립 존슨은 게리에게 "오늘날 우리의 위대한 건축가"라고 축하했고 나중에는 빌바오 구겐하임을 "우리 시대 가장 위대한 건물"이라고 선언했다.

찰리 로즈Charlie Rose*의 인터뷰에서는 유리와 강철 천장을 지지하는 힘이 넘치고 감각적으로 구부러진 기둥을 향해 손짓하며 다음과 같이 말했다. "건축은 말이 아닙니다. 눈물에 관한 것입니다." 그는 무겁게 흐느끼면서 "샤르트르 대성당에서도 같은 느낌을 받는다"고 덧붙였다.

필립 존슨이 사망한 2005년, 미국의 문화와 패션, 시사를 다루는 대중 잡지《베너티 페어》Vanity Fair는 세계 최고의 건축가, 교사 및 비평가들에게 1980년 이후 완성된 건축물 중 가장 중요한 작품을 지정해달라고 요청했다. 21세기 작품에 대한 설문조사의 결과는 필립 존슨의 판단을 증명했다. 최종 설문조사에 참여한 52명의 전문가 가운데 프리츠커상 수상자 11명과 주요 8개 건축학교 학장을 포함한 28명이 빌바오 구겐하임을 선택했다. 빌바오는 2위를 한 건물보다 3배 정도 많은 표를 얻었다.

빌바오 구겐하임 미술관을 본 사람들은 디자인을 어떻게 했는지 궁금해한다. 게리의 과거 작품 계보를 보면 작품의 발전과정을 확인할 수 있

---

* 미국의 언론인 저널리트로, 현대건축의 많은 거장들을 인터뷰했다.

다. 그의 작품은 천천히 접히고 구부러지고 춤추고 움직이기 시작했다. 게리는 구겐하임의 도면을 그릴 때, 아름다운 건축물이라는 것을 지속적으로 확인하며 매우 행복했다고 회고한다.

작업에 많은 조작과 복잡성을 부여하는 게리에게 건축물의 규모를 정하는 것은 어려운 일이다. 빌바오 구겐하임을 만들 때, 게리는 빌바오와 강, 다리와 어울리는 형태를 찾았다. 빌바오 구겐하임의 외피는 크기와 형태, 방향과 곡률이 다른 곡면이 모여 독립된 단위 공간과 볼륨을 생성한다. 분절된 곡면은 반복적으로 휘어지며 경계와 윤곽을 형성한다. 곡면 볼륨의 3차원적 결합은 방향성, 운동감을 만들며 공간적 임의성과 우연성, 이질성의 감각을 표현한다. 빌바오 구겐하임은 구부리기, 꺾기, 접기, 잇기, 펼치기의 연속이다. 미학적으로 선택된 흐름의 선, 면, 볼륨은 겹쳐서 쌓이고 발산된다. 폴딩의 형태는 생명력을 부여하며 곡면의 윤곽은 하늘, 구름, 바람 등의 생명체를 반사하며 유기체적인 주름은 건축물과 자연 사이의 감각과의 소통을 생성한다.

빌바오 구겐하임 효과

오늘날 유럽 최고의 관광지 중 하나가 된 빌바오 구겐하임은 네르비온강 옆에 있는 265,000평방피트 규모로, 짓기 시작할 때는 언론에 거의 눈에 띄지 않았으나 공개된 순간 사람들의 이목을 끌며 세상에 충격을 주기에 충분했다.

단일 건물이 건축가의 변신과정으로 여겨지는 경우는 드물다.《왜 건축이 문제인가?》Why Architecture Matters?, Yale University Press, 2009를 쓴 폴 골드버거Paul Goldberger는 "이 건물은 새로운 길을 밝히고 특별한 현상이 되었습니다. 평론가, 학계, 일반 대중 모두 무언가에 대해 완전히 단합된 의견을 갖게 된 드문 순간 중 하나였습니다"라고 했다. 비평가 밀드레드 프리드만Mildred Friedman은 2005년 다큐멘터리 〈프랭크 게리의 스케치〉Sketches of Frank Gehry에서 감독인 시드니 폴락에게 이렇게 말했다. "그는 작업을 시작했던 모든 아이디어를 파헤치기 시작했고 끝까지 밀고 갔습니다. 이 시대 미술사에서 그와 같은 부류의 건물은 없는 것 같아요." 또한 빌바오 구겐하임 미술관을 의뢰한 구겐하임 이사 토마스 크렌스Thamas Krens는 "빌바오는 프랭크의 분수령이었습니다. 그는 빌바오 건축 이전에는 흥미로운 건축가였습니다. 하지만 빌바오를 건축한 이후 그는 초월적인 건축가가 되었습니다"라고 말했다.

게리는 자신의 건축에 대한 비판이 높아진 이후로 가능한 한 아무도 모르게 일하는 것을 좋아한다고 말했다. 빌바오 구겐하임의 첫 번째 사진이 공개되었을 때, 몸부림치는 은빛 물고기와 거대한 꽃다발을 닮은 모습이 세계 예술계에 지각변동을 일으켰다. 처음에 게리는 구겐하임 재단이 자신의 작품을 승인할지에 대해 확신하지 못했으나 미술관이 개관하자 그가 세상에 어떤 영향력을 미친 것인지 깨닫는 데 그리 오랜 시간이 걸리지 않았다.

모더니즘 건축에서 게리주의적 건축으로의 진화는 누구도 모방할 수 없는 독특한 세계를 완성한다. 현재의 하이테크와 디지털 건축, 율동하는 표면과 형태 변형적 자유로움, 구조적 유동성과 비위계적 공간, 비유클리드적 위상 공간으로 다양하게 정의되는 게리주의적 건축의 진화는 새로운 세대의 건축과 건축가에게 영향을 미쳤다. 사람들은 그것을 빌바오 효과라고 한다. 쇠퇴하던 도시 빌바오는 세계적 수준의 건물을 건설함으로써 경제적으로 부활했다. 두 번째로 기억해야 할 빌바오 효과는, 게리의 걸작에 뒤이은 건축적 광경과 이벤트의 부활이다. 빌바오의 건축적 사례와 그 효과는 그를 잇는 다음 세대의 건축들의 롤모델이 되었다.

　빌바오와 함께 게리는 20세기말 건축의 가장 성가신 문제 중 하나에 대한 해결책을 제시했다. 모더니즘 건축은 특히 대규모 도시환경에 배치되었을 때 대중의 혐오를 받았으며 결국 도태되었다. 도시 슬럼화에 대한 재개발 또는 미래형 재개발이라는 이름으로 도시는 다시 파괴되었다. 반면 빌바오에서 절정에 달한 게리의 건축언어는 포스트모더니즘에 대한 반응에서 시작되었다. 게리는 포스트모더니즘으로 가지 않기 위해 필사적으로 노력했으며 자신의 상쾌하고 평범한 스타일을 이렇게 설명했다. "나는 포스트모더니즘적 건축을 하지 않고 인간적인 장식의 특성을 다루는 방법을 찾고 있었다. 모든 역사적인 것, 그것의 모방 작품들에서 벗어나고 싶었다. 나는 스스로에게 '뒤로 가야 한다면 인류 이전의 3억 년 전으로 돌아가 낚시를 하는 건 어떨까?' 질문했다. 그리고 그때 내가 생각하는 대로 이 물고기 조각을 시작했고, 망할 물건을 그리기 시작했고, 그것들이 움직이지 않을 때도 움직임을 전달하는 건축적 형태라는 것을 깨달았다. 복잡한 연산이나 공학으로 묘사하는 것을 좋아하지 않는다. 대부분의 건축가는 나와 같은 이중 곡선 형태를 사용하지 않는다. 왜냐하면 이러한 비정형 건축물은 경제적으로 시공 가능한 방법과 형태적 디자인을 찾을 수 없었기 때문이다. 그러나 나는 물고기 형상에 대한 연구를 통해 일종의 실현가능한 나만의 건축언어를 만들 수 있었다."

컴퓨터 시스템과 함께 얻은 성과

게리는 건축물에 더 대담한 변형과 복합 곡선을 계속 작업했기 때문에 진행 속도가 더뎠다. 결국 그는 조립 가능한 구조적 형태의 최종적인 한계에 도달했다. 이러한 좌절감으로 인해 게리는 가장 광범위한 창조적 욕구를 충족시킬 방법을 모색했다. 자신을 컴맹이라고 말하는 게리는 사무실 직원들에게 자신이 도달하고 싶은 결과를 컴퓨터로 확인할 방법이 있는지 물었고 이에 게리의 파트너는 전투기 설계에 사용되는 프로그램을 건축에 맞게 조정하여 새로운 방법을 열었다. 게리가 그 기술을 활용하기 시작하면서 그의 작업은 거의 중력을 거스르는 대담함을 뿜내기 시작했다. 게리는 일을 시작할 때 작품의 모형을 먼저 만들어두고 수정하는 방식으로 작업했다. 때론 종이 한 장을 옮기고 일주일 동안 고뇌하기도 하지만 항상 꿈꿔왔던 형태로 과감한 자유를 얻었고, 감각적으로 주름진 판지와 분쇄된 종이 타월 튜브로 모델을 만들었다. 그는 늘 주변에 있는 모든 재료를 스크랩하여 사용하며 동시에 모델링을 했다. 이런 방식에 컴퓨터는 날개를 달아주었다. 게리는 컴퓨터 작업을 좋아하지 않았지만 컴퓨터는 게리의 사고에 더 큰 자유와 가능성을 제시했다.

초기에 게리의 사무소에서는 3D 모델링 소프트웨어 카티아CATIA 라는 프로그램을 사용했고 필요에 따라 더 나은 프로그램으로 개량했다. 이 시스템은 3차원의 물체를 만들 때 금속을 사용하면 빛과 만나 어떤 형상을 만드는지를 알 수 있었을 뿐 아니라 건축과정 전반을 정확히 통제할 수 있도록 도왔다. 그 덕분에 게리는 건축시공 방식을 바꾸고 새로운 형태와 구조를 자유롭게 구축했다. 그 결과 캘리포니아의 항공우주 박물관 디자인에서 처음으로 금속판을 사용할 수 있었고 빌바오 구겐하임에는 티타늄 재질의 얇은 금속판을 사용할 수 있었다.

게리는 컴퓨터를 다른 사람에게 맡기는 것 외에는 여전히 컴퓨터 사용법을 몰랐지만 2002년에 게리 테크놀로지사를 창립해, 그의 파트너가 개발한 정교한 소프트웨어 사용에 대해 교육하는 사업을 시작했다. 건축에 있어 컴퓨터 설계의 선구적 존재가 된 셈이다.

빌바오 구겐하임 미술관 이후 작업

빌바오 구겐하임 미술관 이후로 게리는 정기적으로 주요 상들을 수상했으며 세계에서 가장 유명한 건축가 중 한 명으로 자리매김했다. 특히 LA 시내에 있는 월트 디즈니 콘서트홀을 비롯한 여러 콘서트홀이 호평을 받았다. 월트 디즈니 콘서트홀은 지역을 활성화시키는 데 주요한 역할을 했고 〈LA타임스〉는 이렇게 보도했다. "미국 건축가가 지금까지 만들어낸 의심, 반대자와 불평하는 비평가에 대한 가장 효과적인 답변이다." 월트 디즈니 콘서트홀의 모든 곡면은 크기, 형태, 방향, 곡률, 회전, 디테일이 다른 독립적인 단위의 볼륨을 생성한다. 게리는 형태적인 이미지를 완성하기 위해 입면을 반복적으로 구부리고 경계를 만든다. 다양한 볼륨이 만든 변화와 임의성, 공간적 변화가 대지에 밀도를 부여한다.

어떠한 양식이나 분류에 속하는 것을 거부한 게리의 작업은 전문가로 우리는 건축에서 자신만의 독특한 표현방식을 찾아야 한다.
그것을 찾아야만 전문가라고 할 것이다.

월트 디즈니 콘서트홀, 로스앤젤레스, 2003

Frank O. Gehry

건축은 시간과 장소를 이야기해야만 한다.
그러나 영원함을 갈망해야만 한다.

루루보 뇌질환 연구센터, 라스베이거스, 2010

서 개인적인 작업에 대한 열정과 실험정신을 표현한다. 그의 작업은 건축사적인 경향이나 건축운동에서 전례를 찾아보기 어렵다. 게리는 근대적 스타일의 비유를 피하면서 건축의 근본적인 변형에 관심을 가졌다. 주어진 상황과 건축 사이에서 예민하게 작업하는 그는 재미있고, 흥미롭고, 좋은 경험을 제공하는 건물을 만드는 사람으로 평가받는다. 더불어 게리는 값싼 철재 건축자재를 사용해왔으나 1988년 뉴욕 휘트니 미술관에서 열린 그의 회고전은 게리가 미술사, 현대 조각 및 회화에 깊은 관심을 가진 예민한 고전적 예술가임을 보여주었다.

최근 루이비통 메종 서울Louis Vuitton Maison Seoul, 2019이 청담동에 건축되었다. 게리는 인테리어를 맡은 피터 마리노Peter Marino와 함께 공간의 내외부를 디자인했다. 동래 학춤의 움직임이 보여주는 유려하고 역동적인 선을 차용하여 건축물의 상부 유리 구조체에 그의 자유로운 곡면을 적용했다. 게리는 서울의 자연과 건축의 인상 깊었던 이미지와 전통적 이미지를 결합하고자 했다. 상부 구조물 전체는 완전히 유리로 덮여있고 높은 지그재그 현관과 창문을 만들었다. 전체 공간을 밀폐된 테라스로 만들어 거대한 파도의 흐름을 하늘로 올려보낸다. 12m 높이의 거대한 전면창과 하부는 견고한 형태로 구축되어 날아오르는 구조체로 연속된다. 5개 층의 내부공간은 여러 예술작품 그리고 루이비통의 컬렉션이 전시되어 있다. 국내 최초로 선보이는 이 건축물은 게리의 또 다른 시작을 보여준다.

13

Daniel Libeskind

다니엘 리베스킨트

폴란드 로지 | 1946 ~

유태인 박물관, 베를린, 2001

평화를 구현해내는 예술가

리베스킨트는 폴란드계 유태인이자 홀로코스트 생존자인 도라 리베스킨트와 나흐만 리베스킨트의 둘째로 태어났다. 어린 시절 아코디언을 배워 폴란드 텔레비전에서 공연하는 연주가가 되었고, 1959년 미국 이스라엘 문화재단의 장학금을 받았다. 음악을 심도 깊게 접한 경험은 건축을 이해하는 바탕이 되었다.

1957년, 리베스킨트는 이스라엘 키부츠 그바트로 이주한 후, 텔아비브로 옮겼다가 1959년에 뉴욕으로 이사했는데, 훗날 자서전《브레이킹 그라운드Breaking Ground : 폴란드에서 그라운드 제로로 이민자의 여행》 2004에서 키부츠에서의 경험이 그의 건축에 영향을 미쳤다고 기록했다. 1960년, 음악 장학금을 받고 뉴욕으로 이사했으나 예술적 목표를 변경하여 쿠퍼 유니온에서 건축을 공부했다. 1965년에 미국 시민이 된 리베스킨트는 다음 해 미래의 아내가 될 사업파트너 니나 루이스를 만났다.

1989년 아내와 함께 스튜디오를 설립한 그는 복잡한 아이디어와 감정을 자신의 디자인에 표현하는 것으로 유명하다. 그의 첫 번째 공모 당선 작품은 베를린 유태인 박물관이다. 2003년 2월 27일, 맨해튼 세계무역센터 마스터플랜에 당선되면서 세계적인 주목을 받았다.

대표작으로 독일 오스나브뤼크의 펠릭스 누스바움 하우스1998, 베를린 유태인 박물관2001, 영국 전쟁 박물관2001, 세계무역센터 마스터플랜2003, 미국 덴버 미술관2006, 캐나다 토론토의 로얄 온타리오 박물관2007, 더블린의 대운하 극장2010, 싱가포르 케펠 베이2011 등이 있다.

상반된 평가, 혹평과 성공

리베스킨트가 처음으로 디자인한 건축물은 독일 오스나브뤼크의 펠릭스 누스바움 하우스Felix Nussbaum Haus, 1998다. 비평가들은 그의 디자인을 건축할 수 없거나 지나치게 독선적이라고 일축했다. 1987년에는 서베를린의 주택 설계 경쟁에서 이겼지만, 그 직후 베를린 장벽이 무너져 프로젝트가 취소되었다. 이후 1989년 베를린 유태인 박물관을 포함한 4개의 공모전에서 당선됐는데, 베를린 유태인 박물관은 2차 세계대전의 홀로코스트 전용 박물관이 되었다. 이 건축물은 2001년 국제적인 찬사를 받으며 대중에게 공개되었다. 그의 첫 번째 국제적 성공이었다.

그는 "건물은 의미가 있어야 하며 이야기를 해야 한다"고 했다. 유태인 박물관은 이야기하는 박물관이었다. 개관 당시 전시품은 없었지만 수십만 명에 달하는 방문객이 모여 건물의 감각적이고 본능적이며 분열적인 디자인에 감탄했다.

리베스킨트는 디자인에 대한 아이디어가 번개처럼 떠올랐다고 한다. 박물관 사이트를 방문한 순간, 바로크식 건물 옆에 있는 주택과 아파트에서 한때 유태계 독일인들이 살았다는 사실을 떠올렸고 동시에 그들이 이 도시의 역사에서 지워졌다는 것을 기억했다. 사라진 유태인들을 기억하고자 한 리베스킨트는, 이 박물관은 그저 물리적 조각이 아니라고 생각했다. "저는 디자인을 통해 베를린이 한때 무엇이었는지, 지금 무엇인지, 그리고 미래에 어떤 것이 될 수 있는지 설명해야 했습니다. 그것은 어떤 구원을 위한 작업도 완성된 이야기도 아닙니다. 생각과 상상력을 자극하는 박물관을 세우는 것이 건축가로서의 제 역할이라고 생각합니다."

의미있는 건축이란
역사를 패러디하는 것이 아니라
역사를 새로이 표현하는 일이다.

유태인 박물관, 베를린, 2001

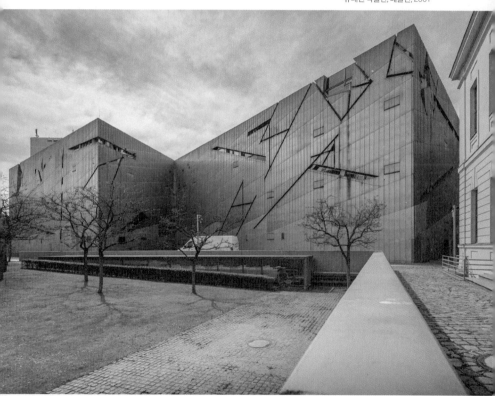

홀로코스트로 가족 대부분을 잃은 리베스킨트는 이 건물에서 여러 의미를 전달하기 위해 노력했다. 깨진 지그재그 패턴은 나치가 유태인들에게 다윗의 별이 그려진 옷을 입도록 강요한 것을 떠올리게 한다. 또한 경사지게 왜곡된 창의 조각은 구조 전반에 걸쳐 혼란스럽고 폭력적인 느낌을 주는 빛을 끌어들인다. 동시에 박물관에 인접한 조각 정원은 침묵을 불러일으킨다. 공간적 경험이 너무나 강력해서 많은 사람이 다른 작품이나 기념물을 설치하지 않고도 충분하다고 느꼈다.

리베스킨트는 유태인 박물관에서 얻은 명성을 바탕으로 1990년대 후반과 21세기초 영국 맨체스터에 있는 영국 전쟁 박물관Imperial War Museum을 포함하여 다수의 박물관 의뢰를 받았다.

애도의 장소이자 미래의 장소

리베스킨트는 2001년 9월 11일 공격으로 파괴된 세계무역센터의 재건을 위한 맨해튼 마스터플랜 공모에 당선되었다. 그리고 유태인 박물관과 무역센터 마스터플랜의 작업으로 국제적인 이해와 평화를 증진하는 작가로서 히로시마 미술상을 수상한 최초의 건축가가 되었다. 그의 많은 프로젝트는 기억과 건축 사이의 깊은 문화적 연결을 표현한다. 리베스킨트의 계획은 뉴욕시에 기반을 둔 건축가 라파엘 비뇰리Rafael Viñoly와 프레데릭 슈워츠가 이끄는 팀 씽크와 함께 이번 대회에서 최종 후보로 선정되었다. 〈타임스〉의 건축평론가, 허버트 머샴은 팀 씽크의 디자인을 '천재의 작품'이라고 썼다. 리베스킨트는 자신의 디자인이 두 가지 모순된 관점을 해결하려고 시도했다고 밝혔다. 그는 이곳을 '애도의 장소'이자 "많은 사람이 살해되고 죽은 슬픔의 장소"라고 말했다. 동시에 그는 이곳의 디자인이 '외향적, 미래지향적, 낙관적, 흥미진진한 것'이어야 한다고 느꼈다.

그의 제안은 그라운드 제로와 트윈 타워의 기초를 통해 제시되었다. 이 계획은 '신성한 땅'으로부터 시작된다. (리베스킨트는 이곳을 자유와 경제와 희생을 통해 지켜진 숭고한 장소로서 신성한 땅이라고 보았다.) 통로는 70피트 깊이의 구멍을 둘러싸고 있다. 리베스킨트는 2,500명 이상의 희생자를 기리기 위해 '영웅의 공원'과 '빛의 쐐기'라는 특이한 두 개의 공공 공간을 기념물로 만들었다. 이 빛의 쐐기를 만들기 위해, 리베스킨트는 매년 9월 11일에 첫 번째 비행기가 충돌한 순간인 오전 8시 46분과 두 번째 탑이 붕괴된 오전 10시 28분 사이에 그림자가 떨어지지 않는 동쪽 건물을 구상했다.

리베스킨트가 창조한 건축물 본관은 트윈 타워보다 훨씬 높은 나선형의 얇은 타워로 계획되었다. 실제로 당시 세계에서 가장 높은 건물로 계획되었다. 그 높이는 특별하게 정해졌다. 그의 말대로 '의미있는 높이' 즉 1776피트*로 설정했다. 75층까지는 세계의 수직 정원으로 불릴 수 있도록 설계되고 76층부터는 바늘 모양의 탑 나머지 부분을 사무실로 사용한다. 이런 식으로 그는 독립선언서와 자유의 여신상과 같은 미국을 대표하는 랜드마크 즉 미국의 가장 높은 상징을 무역센터 대지 위에 올려 세웠다.

---

* 미국 독립 선언서 서명의 해를 나타내는 숫자로 매우 상징적이다. 미국 독립기념일은 1776년 7월 4일이다.

"
내가 생각하기에 창조적이 되기 위해서는
쉬운 길을 가지 않도록 저항해야 한다.

Daniel Libeskind

리베스킨트는 이 상징적인 건물을 '세계의 정원'이라고 불렀다. "정원은 삶에 지속적으로 긍정적 영향을 끼치기 때문입니다." 리베스킨트가 전쟁으로 격렬했던 폴란드에서 어린 시절을 보낸 후 미국에 배를 타고 도착했을 때, 13세의 어린 눈으로 뉴욕의 스카이라인을 보았을 것이다. 이 타워는 그라운드 제로의 공포를 이겨내고 승리를 거둔 상징이었다. 첨탑은 뉴욕의 하늘을 확증하는 것이며, 위험에 직면한 활력의 긍정이자, 비극의 여파로부터 지켜낸 삶의 긍정이라고 말했다. 그는 인생이 결국 승리한다고 말했다.

비극에서 태어났지만 민주주의에 손을 내밀다

리베스킨트가 뉴욕시 연단에 초대받았을 때, 기립박수를 받았다. 조지 파타키 주지사, 마이클 블룸버그 시장, 미국 정부 및 뉴욕 항만 당국 대표를 포함한 모든 정치 관계자들이 그곳에 있었다. 뉴욕시는 리베스킨트의 계획을 "비극에서 태어났지만 민주주의에 손을 내밀었다"고 설명했다.

맨해튼의 무역센터 대지를 재설계하는 것은 기존의 프로젝트와 다른 작업이었다. 결과적으로 리베스킨트의 세계무역센터 마스터플랜은 다양한 작가들이 대지를 채우는 방식으로 계획되었다. 비어있음을 반영하는 기념관은 9.11 공격과 1993년 세계무역센터 폭탄테러의 희생자들을 기린다. 피터 워커Peter Walker와 이스라엘계 미국인 건축가 마이클 아라드Michael Arad가 디자인한 기념관은 쌍둥이 빌딩의 옛 기초 부분이 상징적으로 파여있고 그 주변에는 나무가 심겨있다. 물웅덩이가 건물 기초 부분을 채우고 그 아래에는 희생자들의 이름이 적힌 추모공간이 있다.

서쪽의 허드슨강을 막고 리베스킨트의 제안에서 중요하고 필수적인 부분이었던 부서진 슬러리 벽은 노출된 채로 남겨졌다. 이 기념관의 계획안에만 5,000여 명이 참여했다.

저는 더 중요한 것들을 읽어야 합니다

리베스킨트의 작품 대부분은 호평을 받았지만, 종종 심각한 비판의 대상이 되었다. 게리와 마찬가지로 리베스킨트는 보통 해체주의자로 언급된다. 그는 건축물을 기본 직사각형으로 시작하여 드로잉 보드에서 분해하고 분해된 요소들을 새로운 방식으로 재배치한다. 비평가들은 들쭉날쭉한 가장자리, 날카로운 각도 및 해체된 기하학, 제한된 건축언어만을 사용하고 건축물이 자리잡은 위치와 맥락을 무시한다고 비난한다. 그러나 그의 작품은 대체로 놀라운 감탄과 경험을 제공한다. 그 역시 다른 현대건축가와 마찬가지로 해체주의자라는 말을 좋아하지 않는다. "나의 일은 건축뿐만 아니라 시공에 관한 디자인이다. 건축물 앞의 모든 것, 대지의 모든 역사에 관한 디자인이다."

2006년 〈뉴욕 타임스〉의 니콜라이 오우소프는 "2002년 영국의 전쟁박물관처럼 골절된 지구의 파편을 암시하는 최악의 건축물은 리베스킨트 미학의 캐리커처처럼 보일 수 있다"고 밝혔다.

〈뉴요커〉의 건축평론가 폴 골드버거는 다음과 같이 썼다. "리베스킨트에 대한 담론과 의미를 구조로 번역하는 그의 놀라운 능력 없이는 현대건축의 연구는 완성할 수 없다. 리베스킨트의 가장 큰 능력은 단순하고 기념적인 개념과 추상적인 건축 사상을 엮는 것이며 그보다 잘하는 사람은 아무도 없다."

이에 대해 리베스킨트는 비평가들에게 다음과 같이 말했다.

"저는 더 중요한 것들을 읽어야 합니다."

악기를 건축으로 바꾸다

질서와 혼돈 사이에서 작업하는 것으로 알려진 다니엘 리베스킨트는 모두가 건축가의 자질을 지니고 있다면서 모두에게 경청할 것을 요청한다. 그는 베를린에 유태인 박물관을 건설하고 9.11 프로젝트에 상징으로 대응했다. 다른 어떤 것과도 다른 방식으로 건축에 대해 이야기한다. 세계와 건축을 마주하고, 편견 없는 시선으로 작업한다. 그는 건축을 자신이 겪은 삶의 과정을 대규모의 악보로 옮기는 것에 비유한다. 자신은 지휘자이며, 청중과 맞닿아 있다고 생각한다. 음악과 건축은 리베스킨트의 세계에 완전히 연결되어 있다. "나는 음악을 포기하지 않았다"고 리베스킨트는 말한다. "악기를 건축으로 바꿨다."

리베스킨트에게 음악과 건축은 하나이며, 건축은 또 다른 음악으로 여겨진다. 리베스킨트는 악보처럼 건축을 읽기 시작하면 완전히 새로운 것을 볼 수 있다고 했다. 건축은 드로잉에서 비롯된 예술이며, 상징과 선이 있는 악보와 매우 가깝다고 보았다. 모든 것은 거의 마법처럼 그림을 그려내는 손의 움직임에 따라 생겨나 건축과 거대한 도시를 이룬다. 그에게 도시 역시 거대한 그림이다. 건축은 그 언어를 이해하고 특정 요소를 구분하면 해독하고 읽을 수 있는 코드와 같다. 매우 복잡하지만 모든 사람에게 열려있는 경험의 가능성이다.

로열 온타리오 박물관, 토론토, 2007

Daniel Libeskind

감각과 영감의 건축

리베스킨트는 특정한 대지와 그 프로젝트에 필요한 요구들을 이해하며 특정한 영감을 떠올린다. 그는 그러한 감각을 절대적인 것으로 판단한다. 그는 너무 형이상학적이지 않으려 하지만, 어느 정도는 형이상학적이고 또 매우 감정적으로 접근한다. 그의 말에 따르면, 유태인 박물관의 '공허'는 정말 깊고 강렬한 경험이다. 그 경험의 핵심은 표면적으로 존재하지 않는 형이상학적인 의미들이 떠오르게 유도하며, 장소의 속삭임에 귀를 기울이고, 그의 목소리를 듣는 것으로 가능해진다.

리베스킨트는 프로젝트를 어떻게 선택하는지에 대한 질문에 대하여 스스로 선택하지 않는다고 언급했다. 그는 실제로 자신이 해야 할 모든 일을 그냥 한다고 말했다. "난 그냥 항상 모든 것에서 좋은 무언가를 만들고 그것에 최선을 찾기 위해 노력하고 있어요"라고 대답했다.

문화적·역사적 사실과 맥락이 얼마나 중요한지를 묻자 그의 대답은 그러한 요소를 매우 중요하게 생각하지만, 일반적으로 맥락적 의미와 가치는 반드시 지켜야 하고 벗어날 수 없는 것은 아니라고 했다. 그에게 역사는 물리적인 한계가 아니라 의미적인 접근이며 극복되고 변형될 수 있는 것이다. 그리고 역사는 여전히 완성되지 않고 있으며 현재도 지속되고 건축가와 그 건축물의 경험자 역시 역사에 일부라고 여긴다.

리베스킨트는 여러 무슬림 국가에 미국 시민의 여행을 금지한 미국 대통령에 대하여 다음과 같이 언급하기도 했다. "벽을 세우고, 합의에서 물러나고, 국가를 고립시키고, 다른 사람들을 비난하는 암울한 시기로 돌아가는 것입니다. 하지만 저는 미국 사람들이 그것을 받아들이지 않는다

구축할 수 없는 것에 대해 생각해보십시오.
가능한 것에서 시작하는 사람은 어디에도 없을 것입니다.

케펠 베이, 싱가포르, 2011

고 생각합니다. 정치에 관심이 있는 많은 사람이 올바른 선택을 하고 있습니다."

그리고 건축은 민주적이고 다수의 대중이 참여한다고 주장했다. "사회의 외국인 혐오, 호의 그리고 근본주의에 도전하려면 합의와 단합이 필요합니다. 건축환경에 관해서 가장 큰 과제 중 하나는 디자인 프로세스에 대한 대중의 참여를 유도하는 것입니다. 건축은 민주적 환경에서 번성할 수 있으며, 이는 사람들을 참여시키는 것을 의미합니다. 단순히 그들이 좋아하는지, 아니면 좋아하지 않는지 투표하는 것 이상으로, 사람들이 건축적인 대화에 적극적으로 참여하도록 해야 합니다. 올바른 방식으로 담론에 참여할 때 사람들은 매우 창의적일 수 있습니다. 우리는 예술에서 그것을 볼 수 있습니다. 왜 사람들은 건축에 참여할 기회를 갖지 못할까요?"

최근 리베스킨트는 서울 삼성동 아이파크타워, 부산 해운대 아이파크 주상복합 아파트, 유태인 박물관 베를린 아카데미, 독일 드레스덴의 분데스웨르 군사 역사박물관 프로젝트, 싱가포르 케펠 베이 프로젝트를 진행했다. 건축 프로젝트 외에도 다수의 국제 디자인 회사와 협력하여 건물 내부를 위한 사물, 가구 및 산업 설비를 개발했다. 그는 피암, 아르떼미데, 자쿠지, 사와야 & 모로나이, 폴트로나 프라우, 스와로브스키 등의 디자인 회사와 공동작업을 했다.

14

Bernard Tschumi

베르나르 추미
스위스 로잔 1944 ~

아크로폴리스 뮤지엄, 아테네, 2009

현대 도시 사회의 실험적 해체주의자

추미는 건축가, 저술가, 교육자이며, 종종 해체주의 건축가로 불린다. 스위스 건축가 아버지와 프랑스인 어머니 사이에서 태어난 추미는 뉴욕과 파리에서 일했다. 에콜 드 보자르École des Beaux-Arts와 취리히의 연방공과대학ETH에서 공부했으며, 1969년에 건축학사 학위를 받았다.

추미는 먼저 교육자로 영국과 미국에서 커리어를 시작했다. 포츠머스 대학과 런던의 AA스쿨, 뉴욕 건축도시연구소IAUS, Institute for Architecture and Urban Studies, 프린스턴 대학과 컬럼비아 대학, 쿠퍼 유니온에서 강의하고 몇몇 대학에서는 학장을 지냈다.

1982년 파르크 드 라 빌레트 공모전을 시작으로 파리에 자신의 사무소를 설립했다. 1988년에는 뉴욕에 본사를 둔 베르나르 추미 아키텍츠 BTA를 열었고, 2002년에는 베르나르 추미 도시건축가BtuA를 파리에 열었다. 1996년 프랑스 정부로부터 건축 그랑프리를 수상했다. 과감한 기하학적 디자인과 실험적인 개념은 현대 사회와 현대 도시인의 경험과 공간, 시간 그리고 감각을 구조적으로 제시한다.

대표작으로 라빌레트 공원1998, 루앙 콘서트홀2001, 뉴 아크로폴리스 뮤지엄2009, 라로슈쉬르용 다리2010 등이 있다.

사회구조에 의문을 제기하는 건축

1960~70년대에 건축가, 이론가, 학자로서 경력을 쌓았다. 그동안 베르나르 추미의 경력과 작품은 개인적·정치적 자유의 실천으로써 건축의 역할을 제시했다는 평가를 받았다. 1970년대부터 추미는 건축양식과 건축물 안에서 일어나는 사건들 사이에는 고정된 관계가 없다고 주장했다. 그는 자신의 건축작업에서 윤리적·정치적 과제를 실현하고자 했다. 건축 프로그램과 공간의 장치를 통해 도시의 다양한 요소 사이에 힘의 균형을 유지하고자 했다. 추미의 이론에서 건축은 현존하는 사회구조를 표현하는 것이 아니라 그 구조에 의문을 제기하고 새로운 사회로 발전하는 건축으로서 역할을 해야 했다.

그는 건축가로서의 책임이 무엇인지에 집중했다. 그의 작품에 큰 영향을 미친 것은 러시아 촬영감독 세르게이 아이젠슈타인Sergei Eisenstein이 자신의 영화를 위해 정립한 이론과 구조적 다이어그램이었다. 추미는 아이젠슈타인의 다이어그램 방법론을 자신의 연구에 적용하였다. 시스템을 구성하는 공간, 사건, 동적 이동과 행위의 요소를 레이어layer로 표현했다. 이러한 작업을 축구선수가 전장을 가로질러 스케이트를 타는 것이라고 표현하였다. 그는 치열한 건축 디자인 과정을 다양한 측면에서 구체화한 여러 단면적인 요구들을 레이어로 제시함으로써 필요한 건축 디자인의 해답을 빠르고 손쉽게 얻어낼 수 있었다. 스케이트를 타는 것이라는 간단한 문장으로 포스트구조주의자로서 그가 목표하고 있는 방향을 잘 드러냈다.

이러한 접근은 건축 디자인 프로세스에서 서로 다른 두 방향으로 실현되었다. 우선 첫 번째의 접근은 건축적 시퀀스sequence와 그 시퀀스를 생산하고 연결시키는 공간space, 프로그램program, 동선circulation을 드러내는 것이다. 둘째는, 해체deconstruction의 과정이다. 즉 낯설게 하기, 구조적인 관계를 해체, 다양한 요소를 레이어로 중첩하고 여러 프로그램을 횡단하는 과정에서 이벤트가 발생한다. 이러한 이벤트와 공간 사이에 새로운 관계를 고안하는 과정을 분명하게 보여준다.

파르크 드 라 빌레트, 라빌레트 공원

프랑스 정부가 1982년 디자인 공모전에서 제기한 질문 '21세기의 파리 공원은 어떠한 모습인가?'에 대한 답은 베르나르 추미의 라빌레트 공원 Parc de la Villette으로 구현되었다. (추미의 첫 번째 주요 공공작품이기도 하다.) 과거의 파리 공원은 현재와는 완전히 달랐는데 우리가 잘 아는 명화로 그 모습을 확인할 수 있다. 잘 차려입은 부르주아들이 산업화된 도시 속 푸른 섬과 같은 공원에서 여유롭게 자연의 오아시스를 즐기는 조르주 쇠라Georges Pierre Seurat의 〈그랑드자트섬의 일요일 오후〉Un dimanche après-midi àl'Île de la Grande Jatte, 1886를 떠올려보라.

오늘날 혼잡하고 교통량이 많은 라빌레트 공원은 19세기의 파리 북동부의 도축장이 있던 장소였다. 프랑수아 미테랑 대통령은 혁신적인 방법으로 파리의 여러 지역 개발을 모색했다. 공모전의 우승자가 된 베르나르 추미는 공원을 도시의 연속체로 보았다. 구체적으로 말하면, 20세기 후반 도시가 너무 크고, 너무 익명적이며, 너무 비인간적이라는 점을 깊이 성찰했다. 이 공원은 결과적으로 도시의 혼란스러운 느낌을 모방

Bernard Tschumi

라빌레트 공원, 파리, 1998

<그랑드자트섬의 일요일 오후>, 조르주 쇠라, 1886

했다. 표지판이 드물고 길이 불규칙하게 구부러져 방문객들이 아무 곳에도 가지 못하게 만든다. 그리고 장소의 역사에도 불구하고, 추미는 의도적으로 역사적인 언급을 피했다. 사람들이 공원에서 역사적 규범에 따라 행동하지 않고, 자신만의 방식으로 행동할 수 있는 새로운 장소로 만들고자 했다. 쇠라의 그림처럼 과거의 평온한 장면을 떠올리는 비평가들에게 라빌레트 공원은 비판받았다. 세계 최악의 공원 3위로 선정한 비평가들은 이 공원이 사용자 친화적이지 않다고 비난했다.

도시의 연속성

추미가 설계한 라빌레트 공원의 구조적 특징은 주변의 문화센터, 박물관, 공연장, 건축가 장 누벨Jean Nouvel의 파리 필하모니 등과 짝을 이루고 있다. 이러한 공공 문화시설들이 사람들을 공원으로 불러들이면서, 추미의 도시의 연속성은 더욱 중요해졌다. 추미에게 있어, 21세기 파리의 공원은 사람들이 편안하게 즐기고 우스꽝스러운 짓을 하고, 구불구불한 길을 가고, 궁극적으로는 서로 교류하는 장소였다. 19세기에는 휴식을 위해 공원에 왔다면, 21세기에는 사회적 상호작용이라는 새로운 목적도 충족되어야 했다. 실제로, 수많은 연구에서 분명한 공감대가 형성되었다. 시민 공동 프로젝트와 다양한 재단의 공공사업을 통해 공원은 점점 더 디지털 공간과 이웃을 연결하는 필수 공간이 되었다. 분리된 도시환경과 인간이 상호작용하도록 유도하는 것은 21세기 공원의 필수적인 요소다. 추미는 파리를 넘어 아테네 아크로폴리스 뮤지엄, 뉴욕 알프레드 레너 홀Alfred Lerner Hall, 1999에서 볼 수 있듯이 거의 모든 도시적 환경에서도 마찬가지라는 점을 증명했다.

이후 2015년 〈포브스〉와의 인터뷰에서 추미는 라빌레트 공원을 자신의 경력에서 가장 도전적인 사업이라 말했다. 그가 진행한 대부분의 프로젝트가 매우 도전적이지만 스스로 언급한 것은 하나였다.

뉴 아크로폴리스 뮤지엄

역사적인 막랴니 지역Makryianni district에 위치한 뉴 아크로폴리스 뮤지엄New Acropolis Museum은 파르테논 신전에서 남동쪽으로 300m도 채 떨어지지 않은 곳에 있다. 꼭대기 층의 파르테논 화랑은 아크로폴리스와 현대 아테네의 모든 전경을 볼 수 있다. 박물관은 디오니시오스 아레오

파기타 보행자 거리Dionysiou Areopagitou pedestrian street에서 입장하고, 아크로폴리스와 아테네의 다른 주요 고고학 유적지와 연결되어 있으며, 8,000m²의 전시공간과 방문객 편의시설, 기타 관리 및 공용시설을 갖추고 있다.

19세기에 지어진 작은 아크로폴리스 뮤지엄을 포함한 여러 기관에 흩어져 있던 소장품들을 한데 모아, 아테네 아크로폴리스와 그 주변 삶과 역사에 대한 이야기를 재구성했다. 이 풍부한 수집품들은 방문객에게 선사 시대부터 고대 후반까지 아크로폴리스에 인간이 존재했고 그들이 매우 풍부한 예술적인 삶과 문화를 유지했다는 포괄적인 그림을 제공한다. 미술관 프로그램에는 서기 4세기에서 7세기 사이의 유물과 유적들, 조각품, 부조, 건축물의 구조물, 공예품이 포함되었다.

주로 입체적인 작품들로 구성되어 있으며, 아크로폴리스의 기념물을 장식한 건축 작품들이 많아서, 이를 전시하는 건물은 주변 자연광을 적극 끌어들인다. 다양한 형태의 유리를 사용한 맨 위층 파르테논 화랑으로 빛이 밀려들어오고, 하늘의 천창으로 들어오는 빛은 고풍스러운 화랑으로 스며든다. 건물 중심을 관통해 건물 아래로 들어오는 빛은 고고학적 발굴물에 부드럽게 닿는다.

디자인 특징은 고대 그리스의 신전을 모티브로 한 평면 디자인을 확장하고 기울인 축에 있다. 이렇게 기울인 중심으로 진입하는 중앙 홀을 디자인했다. 확장된 비정형의 4면체의 볼륨은 장방형의 공간 외부로 전시공간을 구조화한다. 여러 사각형이 중첩된 이 공간은 수직적으로도 여러 층위를 지니고 있다. 수평과 수직으로 여러 공간은 서로 중첩되고 뒤

Bernard Tschumi

개념은 건축과 단순한 건물을 구분한다.
개념을 통해 만들어진 자전거는 건축이지만
개념 없이 지어진 성당은 단지 건물일 뿐이다.

아크로폴리스 뮤지엄, 아테네, 2009

틀리고 어긋나며 관통한다. 라빌레트 공원과 마찬가지로 복합적인 공간에서 새로운 내적 상호작용과 감각을 자아낸다. 전시공간과 미술관의 공간, 유물과 유적, 미술관의 구조물은 하나처럼 얽혀있다.

이 건축물은 많은 비평가에게 찬사를 받았고 한편으로 비판도 받았다. 추미의 작품은 지적 목적을 위해 인간이 필요로 하는 여러 요소들을 희생한 것에 대하여 비판을 받아왔다. 그리스 수학자 니코스 사링가로스Nikos Salingaros는 뉴 아크로폴리스 뮤지엄이 아테네의 전통적인 건축물과 충돌하며 주변 역사적인 건물을 위협하고 있다고 주장한다. 그에 반해 2011년 AIA의 심사위원단은 아크로폴리스 뮤지엄이 매우 문맥적으로 강력하게 유적 주위에 존재하면서 아테네의 도시 네트워크를 완성한다고 평가했다. 비평가 니콜라이 오우세프Nicolai Ouroussoff는 은은한 분위기의 미술관이 파르테논에 대한 계몽적인 명상이자 그 자체로 매혹적인 작품이라고 〈뉴욕 타임스〉에 실었다. 〈가디언〉의 조나단 갤럭시Jonathan Glancey는 이 작품에는 의도적으로 고대를 축하하는 기하학적 경이로움으로 가득차 있다고 했다.

빈하이 과학관

2010년대 추미가 가진 건축에 대한 비판적 사고는 여전히 그의 건축 디자인의 핵심이었다. 그는 사건이 없는 공간은 없다고 주장하였다. 그는 기존의 미적 또는 상징적 디자인 조건을 되풀이하기보다는 삶의 재창조를 위한 조건을 설계한다. 이를 통해 건축은 일반적인 건축적 이론, 도시 디자인과 도시의 다양한 요소를 지도와 같은 네트워크로 제시하는 매핑

mapping에 의하여 거대한 구조물이 된다.

추미는 최근 중국 톈진에 있는 빈하이 과학관Binhai Science Museum 공사를 완료했다. 중국 톈진에 있는 3만 3000㎡ 규모의 박물관 건물인 빈하이 과학관의 익스프로라티움Exploratium은 2019년 가을에 개장했다. 중국의 계획 기관은 우주 연구를 위한 로켓을 포함한 대규모 현대 기술을 통해 톈진의 과거 산업 유물을 전시할 예정이다. 이 프로젝트는 빈하이시 문화회관의 일부로 기능하도록 문화 행사 및 전시를 위한 시설, 갤러리, 사무실, 식당 등이 포함되었다.

전시 단지의 초점은 프로그램의 모든 공공장소에 접근할 수 있는 거대한 로비 공간과 원뿔 공간이다. 구겐하임 박물관의 거의 두 배 높이인 거대한 원뿔은 주변의 모든 공간과 연결되며, 방문객은 건물 양끝에 쌓여 있는 대형 전시관, 과거를 바라보는 공간 및 빛의 벽을 통해 각각의 특성과 전시 구성을 제공하는 나선형 공간을 지나간다. 거대한 3중 높이의 공간은 수직이동 공간을 규정하며, 빛의 별자리와 원형의 조명 벽체가 이 공간을 다른 세상으로 만든다. 천공된 알루미늄 정면은 큰 크기와 프로그램의 이질적인 요소에도 불구하고 건물에 통일된 존재감을 부여한다.

건축은 삶의 방식을 창조하는 일

추미에게 건축은 단순히 공간을 조직하는 방식이 아니라 경험의 양상과 삶의 방식을 창조하는 일이다. 건축은 지식으로부터 형성되는 첫 번째 형태이며 이후에 형태로부터 다시 해석과 이해가 생성된다고 믿었다. 그는 건축의 가장자리에 위치한 일련의 전시 및 설치로부터 시작하여 기능주의자들에 반대하고 누구보다도 실험적이고 아방가르드한 접근법을 제안했다.

추미는 40년이 넘는 건축작업을 통해서 건축이 단순히 공간과 형태가 다른 것이 아님을 입증했다. 그는 작품과 함께 수많은 강연과 텍스트로 유명했다. 실험적이고 이론적인 도면과 다이어그램으로 유명했고 처음으로 이벤트 건축을 통해 세상에 사건과 시험적 해석을 일치시켰다. 그렇게 보자면 추미는 사람들과의 관계, 이벤트로써 사건과 행위로부터 시작하는 건축을 통해 가장 직접적으로 인간적인 건축을 실현했다. 동시에 건축 안에서 어떠한 일이 일어나는가에 집중했다.

.

15

FILIPPO BRVNELLESCHI SCVL. E ARCHIT

필리포 브루넬레스키

이탈리아 피렌체 1377 ~ 이탈리아 피렌체 1446

피렌체 대성당의 돔, 이탈리아 피렌체, 1434

이탈리아 르네상스 건축의 아버지

이탈리아의 건축가이자 디자이너, 조각가였으며 공학자였고 많은 건축물을 감독했다. 피렌체 대성당Florence Cathedral의 돔dome을 건축한 것으로 유명하다. 또한 공간의 깊이를 표현하는 원근법을 발견한 것으로 알려져 있다. 대각선과 원의 조합, 비례의 원리, 대칭의 원리 등을 활용하여 대담하고 견고한 형태와 아름다운 비례감을 만들어냈다.

필리포 브루넬레스키는 피렌체의 공증인이자 중급 공무원이었던 세르 브루넬리스코 리피Ser Brunellesco Lippi의 아들로 태어났다. 69세로 사망할 때까지 정치적·군사적·경제적 차원에서 피렌체 국가의 복지에 상당히 기여했다. 또한 공학 기술 및 예술가 집단의 일원으로서 피렌체의 명성을 국제적으로 알린 위대한 예술가였다. 브루넬레스키는 르네상스 시대 건축가 중에서도 혁신적이고 독창적인 면을 보인 건축가로 평가된다. 그의 건축 작품은 이탈리아 르네상스 건축의 발전에 큰 기여를 하였으며, 현재까지도 전세계적으로 사랑받고 있다.

대표작으로 오스페달레 델리 인노첸티1424, 피렌체 대성당1434, 산타 마리아 데그리 안젤리 성당1434, 산 로렌초 성당1442, 파치 예배당1444 등이 있다.

르네상스 시대의 예술가

르네상스처럼 예술가의 역할이 확장된 시기는 없었다. 예술가는 르네상스인들의 이상Ideal이었으며, 창조력이 뛰어난 만능인Universal Man을 의미했다. 계급의 구분이 다소 유동적이 되면서 예술가는 군주의 친구이자 동료로서의 위치를 굳혀갔다. 고대에서 중세 말기에 이르기까지 예술가는 고도의 지식과 기술을 지닌 장인이었다. 르네상스 초기의 예술가들은 과학자 내지는 보편적인 교양을 지닌 사람이라는 추가 역할을 더 갖추게 되었으며 지식인 계급 사이에서 사회적 지위를 확보했다.

예술가가 자신의 힘과 재능을 최대한으로 발휘하였을 때, 신의 영감을 받은 천재로 여겨졌다. 만능인의 이상을 추구하며 예술가들은 화가, 조각가, 건축가, 금세공인 등을 겸했다. 지성과 이성의 힘을 중요시했기 때문에 그들은 수학 그중에서도 기하학을 실습의 기본과목으로 여겼다. 1425년 3차원적인 실물을 객관적으로 나타내는 수단으로 수학적으로 구축된 투시도가 발명되었다. 라파엘로Raphael는 〈아테네 학당〉School of Athens에서 자기 동료의 초상화들을 시인이나 수학자, 철학자의 초상화와 동등한 자격으로 배치했다. 르네상스 예술가들의 목표는 고대의 작품을 복제하는 것이 아니라 그와 동등하거나 나아가 그것을 능가하는 것이었다.

오스페달레 델리 이노첸티(The Ospedale degli Innocenti, 1419-1424)

1419년에 실크 길드Silk guild는 버려진 유아를 위한 보호시설을 짓기로 약속했고 길드의 일원인 브루넬레스키에게 세르비 광장Piazza de' Servi에 지을 고아원의 설계를 요청했다. 브루넬레스키는 다음 해 동안 프로젝트의 감독을 맡았다. 건물을 확장하기로 한 결정은 브루넬레스키의 디자인에 변화를 가져왔고, 특히 현관의 오른쪽(남쪽)에 외부 베이bay가 추가되었다. 그의 첫 번째 공식적인 건축 설계인 고아원의 입면은 거대한 코린트식 기둥corinthian column이 있는 외부 베이와 둥근 아케이드의 현관이 있는 브루넬레스키 건축 스타일을 확립했다. 매우 개인적이고 절제된 건축 디테일이 브루넬레스키만의 건축언어로 압축되어 있다. 그가 감독을 그만둔 뒤, 이 고아원은 단계적으로 완성되었고 브루넬레스키의 설계 중 일부는 생략되었다. 이 건물은 그리스도교 수도회에서 지은 건물이지만 종교적 용도가 아닌 다른 목적으로 지어진 최초의 비종교적 건물이다. 중세에도 시청사, 궁전과 같은 건축물들이 있었으나 전체 문화의 성취라는 측면에서 볼 때 그리 중요하지 않았다. 건물은 순수한 르네상스 건물로서 브루넬레스키가 설계한 최초의 것이었다. 건물의 구성에서 나타나는 의미를 알기 위해서는 열주랑 전체를 하나(의 모티브)로 봐야 한다. 본건물에 열주랑을 부가한 것 자체가 중요한 것이 아니라 분할된 수직, 수평의 요소들을 진정한 르네상스의 방식으로 결합한 데 있다.

산 로렌초 성당(San Lorenzo, 1421-1442)

피렌체에서 가장 부유한 지역의 본당인 산 로렌초 성당의 재건과 확장은 1418년에 시작되었다. 브루넬레스키는 거의 처음부터 이 프로젝트에 참여했다. 먼저 그는 메디치 가문 출신으로 메디치 은행을 설립한 조반니 디 비치 데 메디치Giovanni di Bicci de' Medici가 후원하기로 약속한 성나는 영원한 것을 짓기 위해 계획한다.

산 로렌초 성당, 피렌체, 1442

Filippo Brunelleschi

물안치실sacristy*을 디자인했다. 거기에서 브루넬레스키는 자신의 디자인과 명확한 비전을 위해 조화로운 교회를 만드는 더 큰 맥락에서 작업해야 했다. 산 로렌초 성당을 통해 브루넬레스키가 선호하는 디자인 방식을 이해할 수 있으며 그가 생각한 비전이 분명히 확인된다. 브루넬레스키가 의도한 것은 성당의 날개 공간인 트랜셉트transept**의 양쪽 끝에 하나의 단일 베이 예배당을 설치하는 것이었다. 정사각형 아치형 통로가 있는 트랜셉트와 본당을 구상했다. 모든 예배당은 평면과 입면이 동일해야 했으며, 각 예배당에는 창문이 있어야 했다. 통로와 트랜셉트 사이의 모퉁이에 있는 예배당은 트랜셉트와 통로 모두와 연결되고 열려야 했으며 측면 조명이 있어야 했다. 이것이 브루넬레스키가 선호하는 방식이었다. 그 결과 건물은 여러 면에서 브루넬레스키의 이상을 잘 보여준다. 가장 적은 수의 부품 종류를 사용하고 동일한 부품은 완전히 동일하게 생산되어야 하고 비례적으로 크기가 조정된 창을 각 부분에 할당하여 조명의 균질성을 얻는 방식이다. 예배당의 내부에 벽을 3단계로 나누고 상승하는 이미지를 부여했다. 측벽의 복도는 더 짧은 기둥으로 이어졌다. 브루넬레스키는 교차볼트의 세로 홈이 있는 기둥과 예배당의 기둥을 너비가 같게 만드는 것을 선호했다. 그는 기둥에 통일성을 부여하고자 했다.

---

* 기독교 성당의 본 제단에 부속된 작은 방으로, 예배에 필요한 제구(祭具)와 제의(祭衣)를 보관한다. 중세까지는 성직자와 성가대를 위한 장소인 성단소와 완전히 분리되어 있었으나, 16세기 이후 규모가 확대되어 성단소와 직접 연결되는 주요한 부분이 되었다. '제구실(祭具室)'이라고도 한다.
** 측랑, 익랑, 교차랑, 횔단랑 등으로 번역된다. 십자형 교회의 팔에 해당하는 부분이다.

파치 예배당(The Pazzi Chapel, 1430-1444)

브루넬레스키는 비교적 적은 수의 작품을 완성했으나 구상이나 실행에서 모두 뛰어났다. 안드레아 데 파치Andrea de' Pazzi와 메디치Medici 가문 사이의 긴밀한 개인적·정치적·사업적 동맹은 당시 여러 건축물의 진행을 후원하는 것으로 이어졌다.

파치 채플은 중앙집중식 평면의 개념이 구조물로 실체화되어 있는 르네상스 시대 최초의 독립 건물이다. 비록 평면이 정방형이나 원형이 아니라 직사각형이기는 하지만 하부의 중앙공간이 집중적으로 강조되어 있다. 돔을 양쪽에서 받치는 짧은 반원형 아치 모양으로 된 천장구조의 단면은 우연히 덧붙여진 것처럼 보인다. 밝은 색조의 벽체에 짙은 색의 기둥들을 추가하여 내부를 분절하는 방식은 평면과 입체 모두에 적용되었다. 이러한 구조는 복잡하고 미묘한 비례체계를 반영하고 있으며 짜임새 있는 기하학적 패턴의 격자 조직을 만들어낸다. 이 조직은 전체를 하나로 보이게 한다. 피렌체에 있는 브루넬레스키가 직접 설계한 성 로렌초 성당의 고대 성구실은 이 건물의 원형이다.

내부 단면은 위로 갈수록 높이가 낮아지는 3개층의 기둥으로 배열하였다. 내부공간에서 1층은 진한 대리석의 코린티안 필라스터*로 되어있다. 이 진한 필라스터는 하얀 벽과 대조를 이루고 있으며, 필라스터 상부의 수평구조물은 1층의 경계를 이룬다. 2층은 반원형의 아치와 그 사이의 지지구조물로 구성되며 3층은 돔으로 되어있다.

* 헬레니즘 후기의 그리스 건축양식인 코린트 양식으로 된 벽면에, 각진 모양을 돋을새김하여 기둥 꼴로 표현한 것을 말한다.

파치 예배당, 피렌체, 1444

파치 채플은 1444년에 완성되었으며 포르티코 돔과 지붕을 제외하고는 실질적으로 브루넬레스키의 의도에 따라 만들어졌다. 내부는 신중하게 설계된 코린트식 벽기둥에 의해 더 넓은 간격으로 연결된다. 파치 예배당의 중앙집중식의 배치는 르네상스 시대의 의미와 가치관, 열망을 잘 나타내고 있다. 이는 브루넬리스키가 자신의 시대를 훨씬 앞서가고 있다는 것을 증명한다.

파치 채플은 역사상 최대 걸작 중 하나로 인정되며 비례와 공간이 조화를 이루고 있으며 색채구성에 있어서 명료하고 단순하다.

산타 마리아 델 피오레의 큐폴라(The Cupola of Santa Maria del Fiore, 1436)

산타 마리아 델 피오레1417-1434의 큐폴라 즉, 피렌체 대성당의 돔은 14세기와 15세기의 최고의 건축 및 엔지니어링 업적이다. 그 복잡성과 크기는 브루넬레스키의 다른 노력을 다 가리고도 남는다. 그럼에도 불구하고, 큐폴라 프로젝트가 발명가, 엔지니어, 감독, 문제 해결자로서의 브루넬레스키의 모든 능력의 결실이었으나 형식적 이상을 표현할 수 있는 기회는 제한적이었다. 기본 형태, 곡률, 외부 외관 및 내부구조의 많은 측면은 브루넬레스키가 등장하기 수십 년 전에 이미 결정되었다. 그는 특정 길드의 규정에 의해 제약을 받았다. 그의 임무와 그의 협력자들의 임무는 설계를 개선하는 것이 아니라 실행에 옮기는 것이었다. 그러나 이 상황을 마지못해 수락하거나 묵묵히 거부하는 것으로 이해해서는 안 된다. 브루넬레스키가 돔에 대한 모든 규정과 요구사항과 충돌했다는 기록은 없다. 디자인의 모든 미학과 승인에 이르는 거의 보편적인 협의과정은 브루넬레스키의 매우 전통적인 미의식과 일치했음에 틀림없다.

이탈리아 건축가 레오나르도 베네볼로Leonardo Benevolo의 《르네상스 건축》Architecture of the Renaissance, 1978에 따르면 르네상스 건축은 전이 과정 없이 브루넬레스키가 피렌체 대성당의 돔에 대한 현상설계에서 당선되면서 갑자기 시작되었다고 적었다. 당시 금세공업자였던 브루넬레스키는 현상설계의 당선으로 실제 자신의 의도를 얻을 수 있게 된 것이었다. 아마도 고대의 로마 기념물들을 과학적으로 면밀히 연구함으로써 복잡한 구조적·형태적 문제를 해결했던 것 같다. 돔을 처리하는 데 있어서 브루넬리스키는 전통적인 건축방법을 사용하지 않고 역사상 처음으로 이중 쉘 구조Double shell structure*를 고안하였다. 최고 상부 공간인 랜턴 부분만이 고전 건축에서 직접 불러온 형태다. 여기에서 고전적 형태의 기둥으로 되어있는 수직수평의 구조는 랜턴 부분의 모서리를 따라서 꺾여있다. 처음부터 브루넬레스키는 매스, 공간, 외피 등을 기본 모듈 간의 간단한 비례에 따라 설계하였으며 여기에서 피렌체 지방의 중세교회에 쓰였던 흰색이나 유색의 대리석판을 사용하여 직사각형과 원으로 형성된 전형적인 르네상스 양식을 드러냈다. 그 결과 생긴 구조물은 단순하며 설계의도를 명확하고 쉽게 이해될 수 있었다.

투시도 패널(The perspective panels), 원근법

브루넬레스키는 건축 분야에서의 업적 외에도 정확한 선형 투시도 체계

* 돔 혹은 외피 구조를 이중으로 구축하는 방식. 시공과 구조적으로 유리한 내부구조와 아름다운 외관을 위한 외부구조를 나누어 구축한다.

즉, 원근법을 설명한 첫 인물로 알려져 있다. 이 혁명적인 원근법은 회화와 르네상스 예술의 자연주의 스타일에 대한 길을 열었다. 그는 거리 또는 다른 각도에서 볼 때 객체, 건물 및 풍경이 어떻게 그리고 왜 변하는지 체계적으로 연구하고 피렌체의 여러 지역을 기록으로 남겼다.

그의 전기작가 조르지오 바사리Giorgio Vasari와 안토니오 마네티 Antonio Manetti에 따르면, 브루넬레스키는 피렌체 침례교회Florence Baptistery와 베키오 궁전Palazzo Vecchio의 정확한 투시도 그림을 제작한 것을 포함하여 1415년에서 1420년 사이에 일련의 실험을 수행했다. 마네티의 설명에 따르면, 브루넬레스키의 실험은 격자 또는 십자선 세트를 사용하여 정사각형으로 정확한 장면 사각형을 복사하고 역이미지를 생성했다. 그 결과, 거울을 통해 볼 수 있듯이 정확한 투시도적 시야를 가진 구조가 완성되었다. 이미지의 정확성을 실제 물체와 비교하기 위해 그는 그림에 작은 구멍을 뚫고 그림 뒤쪽을 바라보며 장면을 관찰했다. 그런 다음 브루넬레스키의 구성을 반영하여 거울을 올렸고, 관찰자는 현실과 그림 사이의 눈에 띄는 유사성을 볼 수 있었다. 이후 두 패널은 모두 손실되었다.

원근법에 대한 브루넬레스키의 연구는 레온 바티스타 알베르티Leon Battista Alberti, 피에로 델라 프란체스카Piero della Francesca, 레오나르도 다빈치Leonardo da Vinci의 연구를 통해 발전되었다. 브루넬레스키와 다른 사람들이 연구한 원근법의 규칙에 따라, 예술가들은 완벽하게 정확한 입체적 투시도를 그리게 되었다. 또한 가상의 풍경과 장면을 좀더 사실적으로 그릴 수 있게 되었다. 르네상스 시대의 그림에서 가장 중요한 논문인 알베르티의 델라 피투라 리브리 트레Della Pittura libri tre는 브루넬레스키의 실험에 대한 설명과 함께 1436년에 출판되어 브루넬레스키에 헌정되었다.

브루넬레스키의 투시도 체계 덕분에 회화는 세상을 정확하게 그려내는 입체적인 창이 될 수 있었다. 피렌체 산타 마리아 노벨라Santa Maria Novella 성당에 있는 마사치오Masaccio의 그림 〈삼위일체〉The Holy Trinity, 1427는 브루넬레스키의 건축 스타일을 그림에서 정확하게 재현한 좋은 예다. 이는 19세기까지 예술가가 연구한 표준 회화 방식의 시작이었다.

피렌체 대성당을 설계하고 그곳에서 잠들다

브루넬레스키의 유해는 피렌체 대성당의 지하실에 있다. 브루넬레스키는 바실리카 디 산타 마리아 델 피오레Basilica di Santa Maria del Fiore에 묻히는 명예를 얻었다. 그리고 그가 살아있는 동안 조각되었다고 알려진 대리석 흉상이 세워졌다. 이 성당 입구에는 다음과 같이 기록되었다. "이 유명한 교회의 웅장한 돔과 건축가 필리포가 발명한 많은 장치들은 그의 뛰어난 기술을 보여준다. 그의 뛰어난 재능에 경의를 표하며, 그를 항상 감사하며 기억할 것이다."

그의 돔을 올려다보는 브루넬레스키 동상은 추후 성당 앞 광장에 세워졌다.

"신이 우리에게 준 재능은
그 재능을 가벼이 여기는 자들, 무시하고,
질투하는 자들에게 내어주지 말아야 한다.

피렌체 대성당 돔의 내부, 1436

Filippo Brunelleschi

16

Ando Tadao

안도 다다오

일본 오사카 1941 ~

빛의 교회, 오사카, 1989

노출 콘크리트와 빛의 건축가

트럭운전사, 권투선수였으며 전문적인 건축교육을 받지 않은 건축가로 유명하다. 1941년 오사카에서 태어나 오사카부립 조토공업고등학교를 졸업했다. 프로 권투선수로 생활하다가 르코르뷔지에의 건축에 흥미를 느끼고 독학으로 건축공부를 했다. 1969년 안도 다다오 건축연구소를 설립하고 건축 일을 시작했다.

1992년 칼스버그상Carlsberg Prize, 1995년 프리츠커상Pritzker Prize, 1996년 일본문화상Praemium Imperiale, 2002년 교토상Kyoto Prize과 AIA Prize, 2005년 UIA Prize를 비롯한 세계의 거의 모든 건축상을 수상했다. 최근에는 그의 경력의 정점에서 전세계 많은 곳에서 작업하고 있다.

일본 나오시마Naoshima에 있는 베네세 하우스Benesse House는 언덕 꼭대기 타원형 공간에서 원뿔 모양 섬들의 액자로 가두어진 전망을 바라보도록 지어졌다. 부드러운 바람을 느끼면 안도의 건축적 완성도를 느낄 수 있다. 안도 작업의 의미 중 상당 부분은 자연의 존재가 그의 콘크리트 벽을 스쳐 지나가는 찰나에 포착된다.

대표작으로 아주마 하우스1976, 빛의 교회1989, 로코 하우징 II1993, 물의 정원1994, 산토리 뮤지엄1994, 교묘지 사원2000이 유명하다. 최근에는 상하이 오로라 뮤지엄2013, 대만 아시아현대미술관2013, 미국 클라크 아트 뮤지엄2014, 서울 LG아트센터2022를 완성하였다.

완벽함의 단순성

21세기가 되면서 건축에는 방향성이나 유행하는 스타일이 없다는 것이 분명해졌다. 불확실성이 지배하는 21세기에 명확하고 적절한 건축적 해답에 대한 열망이 커졌다. 과거를 부정하지도 미화하지도 않는 이 시대의 정신을 찾고자 하는 욕구에 건축은 어떻게 대응할 수 있을까? 도시 인구가 급격히 증가하고 삶의 질이 떨어질 때 창조적 건축가의 역할이 건축환경의 미래를 정의하는 중심이 된다. 안도 다다오는 현대건축을 이 시대의 요구에 부응하는 열쇠를 찾고 발견한 건축가였다. 비록 그가 일본 전통을 추상적으로 다루지만, 그는 모더니즘의 가장 강력한 단순함에 영향을 많이 받았다. 이러한 자질 덕분에 그는 전세계 건축학도에게 가장 인기있는 건축가가 되었으며 국제적으로 유명해졌다. 그러나 안도의 건축적 공헌의 깊이와 중요성을 이해하기 위해서는 그의 건물, 특히 일본에서 지어진 건물을 실제로 보는 것이 필요하다.

안도 다다오의 건축이 만들어낸 첫인상은 물성이다. 그의 강력한 콘크리트 벽은 한계를 설정한다. 이 지점을 넘어서는 통로는 그의 뜻에 의해 열리는 것 외에는 없다. 두 번째 인상은 촉감이다. 단단한 벽은 만지면 매끈하고 부드러워 보인다. 빛과 바람, 그리고 일상의 무질서를 뒤로하고 고요한 영역에 안식하기 위해 스쳐가는 방문자를 수용하는 동시에 배제하기도 감싸 안기도 한다. 세 번째 인상은 공허함이다. 내부에는 빛과 공간만이 방문자를 둘러싼다.

선종 승려가 한 획으로 그린 신비한 원은 공허함, 하나됨, 깨달음의 순간을 상징한다. 원과 기타 엄격한 기하학적 형태는 동양의 사상만큼이나 서양 건축과도 관련이 있는 안도의 언어다. 그는 로마의 판테온을 작품의 근원으로 인용한다. 빛과 재료로 만들어진 단순한 형태가 초월적인 공간을 만들 수 있다는 확신을 보여준다. 안도 다다오는 작업을 통해 이러한 명백히 다른 공간 개념을 '통합된 초월적 건축'으로 결합하고자 했다. 안도가 추구하는, 그리고 그의 최고의 작품에서 발견되는 것은 완벽함의 단순함, 단 한 획으로 그려내는 흠 없는 원이었다.

개인 주택, 개인 세계, 아주마 하우스

안도의 건축에는 르코르뷔지에와 루이스 칸과 같은 건축가의 영향이 자주 언급된다. 그가 대중의 관심을 끌었던 첫 번째 프로젝트인 이른바 아주마 하우스Azuma House, Sumiyoshi Row House, 1976는 좁은 집들이 줄지어 늘어선 작은 대지57.3m²에 단순한 콘크리트 파사드와 꾸밈이 없는 출입구가 거리의 리듬을 깨뜨리지 않으면서 눈에 띈다. 오래된 거리를 따라 늘어선 오래된 목조 주택은 일반적으로 구별되지 않는 현대 주택의 뒤죽박죽된 모습으로 바뀌었다.

오사카의 이 주거지역은 인구 밀도가 높지 않아 대도시의 다른 많은 지역보다 외관상 덜 혼란스럽긴 하지만 이 콘크리트 슬래브와 주변환경 사이에는 현저한 대조가 있다. 방문객은 문을 통과하면 더 이상 외부세계를 의식할 필요가 없다. 집은 세 개의 동일한 구역으로 나뉜다. 아래에는 거실과 주방이 있고, 위는 두 개의 침실이 있으며, 외부 안뜰로 분리되어 있으며, 2층으로 올라가는 계단이 있다. 거주자가 침실에서 1층 욕실에 가려면 안뜰을 통과해야 하는 구조다.

Ando Tadao

베네세 하우스, 나오시마, 1992

이 사실은 서양 방문객들을 놀라게 했지만, 안도가 말했듯이 자연의 리듬에 맞춰 생활하는 데 익숙한 일본인에게는 그리 큰 문제가 되지 않았다. 협소주택으로 분류되는 아주마 하우스는 총 연면적이 64.7m²으로 오사카 주택의 평균보다 넓다. 엄격한 기하학적 디자인에도 불구하고 특이한 외관과 열린 중앙 안뜰이 있는 이 집은 일본 전통과 오사카의 환경에 밀접한 관련이 있다. 혼란스러운 환경을 배제하고 자연을 받아들임으로써 안도는 이 집에서 그의 중심주제 중 하나를 창조했다.

집합주택, 로코 하우징

안도가 국제적인 찬사를 받은 최초의 프로젝트 중 하나는 고베의 로코 하우징Rokko Housing, 1983이었다. 로코산맥의 낮은 경사면에 위치한 이 복합 주거단지는 남쪽을 향한 60도 경사의 제한된 부지에 조성되어 있다. 20개의 유닛은 각각 크기가 5.4×4.8m이며 분주한 고베 항구가 내려다보이는 테라스가 있다. 이 부지 주변의 다양한 주택 프로젝트에 대해 언급한 안도는 초기 근대건축에 대한 관심을 다시 한번 드러냈다. 안도는 풍부함과 다양성으로 사람을 현기증 나게 만드는 계단과 통로를 만들었다. 복합적인 표현이 있을 때, 즉 가능한 한 단순하지만 동시에 가능한 한 복잡할 때 흥미로워졌다.

몇 년 후 안도는 기존 단지와 인접한 곳에 두 번째 주택단지 로코 하우징 II Rokko Housing II, 1993를 건설했다. 기존보다 4배 더 큰 이 단지에는 5.2m 정사각형 그리드에 설계된 50채의 주택이 포함된다. 중앙 계단은 세 개의 건물로 연결되어 있지만, 별개의 아파트 클러스터를 통과하는데 나의 구조물은 공간을 디자인한 것이다.
그 공간은 누구나 사용할 수 있는 재료로
누구도 만들 수 없는 특별한 공간이다.

로코 하우징 I과 II, 1983, 1993

각각 크기와 만듦새가 다르다. 유리로 둘러싸인 수영장은 도시와 항구의 낮은 지역을 향한 멋진 전망을 제공한다. 기존 로코 하우징보다 더 고급스러운 로코 하우징 II는 정사각형의 기본 기하학에서 복잡한 전체를 이끌어내는 안도의 재능을 드러낸다.

안도는 로코 하우징 III Rokko Housing III, 1999를 같은 부지에 더 큰 구조물로 설계했다. 총 연면적이 24,221m²인 이 새로운 복합단지는 174개 아파트 각각에 옥상정원이 있는 3층으로 지어졌다. L자형 블록 시스템으로 설계된 로코 하우징 III에는 수영장 및 스포츠 시설을 갖추었다. 로코 하우징은 엄격한 기하학적 어휘를 사용하면서도 주어진 요소들을 통합하여 구성하면서 새로운 공간적 경험을 선사한다. 보는 각도마다 다른 도시의 전망과 건물 안팎의 뚜렷한 자연의 존재는 파노라마적이다.

영혼을 위한 집, 빛의 교회

안도는 다수의 기독교 예배당과 예배와 명상의 집들을 지었다. 1996년 오사카의 한 매체와의 인터뷰에서 종교가 있느냐는 질문에 안도는 "대부분의 종교가 지향하는 바는 비슷하다고 생각한다. 사람들을 더 행복하게 하고 스스로를 편안하게 만드는 것이다. (일본 사찰과) 기독교 교회를 설계하는 데 모순이 없다고 생각한다"라고 대답했다. 또 "나는 내 작품에서 사원을 시각적으로 직접 언급하지는 않지만 그런 건물을 많이 방문한 것이 사실이며, 간접적인 접근에 대한 아이디어가 무의식적으로 자주 반복되는 것 역시 사실이다. 전통적인 일본 건축은 거의 대칭적이지 않으며 이것은 의심할 여지없이 내 잠재의식 속으로 들어간다"고 말했다. 이러한 사실이 가장 명확하게 나타나는 것은 사색의 장소에서다. 안도는 다양한 재료의 물성과 빛과 그림자, 양감과 같은 감각과 감각을 통해 드나드는 공간의 분위기를 창조하는 위대한 건축가 중 한 명이다.

안도 다다오의 가장 주목할 만한 건물은 그의 가장 단순한 건물이기도 하다. 빛의 교회Church of the Light, 1989는 오사카 중심에서 북동쪽으로 40km 떨어진 교외 주거지역에 위치해 있다. 빛의 교회는 독립형 벽에 의해 15도 각도로 교차하는 직사각형 콘크리트 상자로 구성되었다. 공간을 이등분하는 벽은 방문자가 예배당에 들어가기 위해 돌아가게끔 한다. 건물에 들어가려면 의지와 건축에 대한 인식이 필요하다. 내부의 거친 질감의 바닥과 좌석은 짙은 색으로 칠해진 판자로 만들어 디자인의 견고함을 강조한다. 특이한 구조에서 제단 뒤 벽체는 수평 및 수직 개구부가 십자가를 형성한다. 이 틈으로 공간을 빛으로 가득 채우고 벽 옆에 있는 제단을 향해 단계적으로 빛의 띠를 그려 내려간다. 일본기독교연합교회의 노보루 카루코메Noboru Karukome 담당목사의 의뢰로 건축된 이바라키 카스가오카Ibaraki Kasugaoka 교회는 연건평이 113m²에 불과하지만 부인할 수 없는 강력한 힘을 갖는다. 카루코메 목사에게 이곳은 "두세 사람이 내 이름으로 모이는 곳에 나도 그들과 함께 있느니라"는 그리스도의 말씀을 떠올리게 한다고 한다. 건축과정 중 지붕의 무게를 감당할 수 없다는 것을 발견한 안도는 하늘을 향해 열린 상태로 완공된 후에, 교회에 필요한 덮개를 기부하도록 하겠다고 했다. 그래서 그는 십자형 구멍에 유리 없이 빛이 들어올 때 바람이 함께 예배당을 통과할 수 있도록 하자고 제안했다. 겨울의 추위 때문에 거부당한 이 아이디어 또한 자연의 존재를 인정하고 도시적 환경을 피하려는 안도의 일관된 개념을 보여준다. 빛의 교회 벽의 개구부는 전통적인 기독교 십자가의 모양이 아닌 점에 유의해야 한다.

영혼을 위한 집, 물의 사원

아와지Awaji는 내해에서 가장 큰 섬으로 도쿄 남서쪽으로 600km 떨어진 오사카만의 고베 맞은편에 있다. 일본 신화에서 열도는 이자나기 Izanagi와 이자나니Izanani의 두 신이 결합하여 탄생했다. 그들의 맏아들인 오노고로섬Onogoro shima은 아와지섬과 동일시된다. 이곳의 작은 항구 위의 언덕에 안도 다다오가 물의 사원을 지었다.

방문자는 사찰의 입구를 쉬이 발견할 수 없다. 먼저 작은 보도를 따라가다 보면 3m 높이의 긴 콘크리트 벽과 하나의 구멍을 보게 된다. 이 문을 통과하면 흰색 자갈길과 경계를 이루며 비어있고 구부러진 또 다른 벽을 발견할 수 있다. 이 새로운 콘크리트 스크린을 지나면 길이 40m, 너비 30m의 타원형 연꽃 연못이 눈에 들어온다. 그리고 연못 중앙에 사찰의 진짜 입구로 내려가는 계단이 있다. 연꽃 연못 아래 직경 18m의 원 안에 건축가는 17.4m의 정사각형을 새겼다. 여기 붉은 나무 격자 안에 불상이 서쪽으로 등을 돌리고 있으며, 유일한 입구는 석양의 빛을 허용한다. 석양이 지는 이곳에서 안도는 건축의 공간이 영감의 원천이 될 수 있다는 것을 보여준다. 과거 인도여행 시절 수면을 덮은 연꽃에 착안해 만들었다고 한다. 연꽃 연못 한가운데 나있는 계단을 내려가야 법당에 들어설 수 있다.

Ando Tadao

우리는 자연으로부터 공간을 빌려왔다.

물의 사원, 아와지섬, 1991

연꽃은 불교에서 깨달음의 상징이다. 붉은빛으로 가득한 어둡고 밀폐된 공간은 원 안에 사각형으로 디자인되어 있으며 전체 연꽃 연못 아래는 미묘하게 의인화되고(자궁), 상징적(만다라와 연꽃)이면서도 온전히 현대적이다. 아와지가 일본 열도의 맏아들로 여겨지는 것도 우연이 아닌 듯하다. 이 작은 공간에는 부처 뒤에서 지는 해가 빛나고 있으며, 방문자는 불교도든 기독교도든 만물의 근원에 서게 된다.

산토리 뮤지엄

안도의 한계를 넘어선 좀더 야심찬 초기 작업은 오사카의 산토리 뮤지엄 Suntory Museum, 1994이라 할 수 있다. 템포잔Tempozan의 남쪽 항구 지역의 매립지에 위치한 산토리 뮤지엄은 대규모 수족관 단지와 인접해 있으며 연간 500만 명의 방문객을 끌어들인다. 그 중심요소는 32m 구형 IMAX 영화관을 포함하는 직경 48m의 뒤집어진 원추형 드럼이다. 형태뿐만 아니라 스테인리스 스틸을 사용하는 것은 안도에게 이례적인 출발이었다. 안도는 일본의 습한 기후로 인해 어두워지거나 더러워지는 것을 피하기 위해 콘크리트 디테일에 상당한 주의를 기울였다. 불소수지 코팅은 콘크리트 표면을 광택 있게 만들기에 바람직하지 않았다. 예를 들어 물이 잘 흘러내리도록 하기 위해 일반적으로 표면의 각도를 조절한다. 20세기의 필수 건축 자재는 유리, 콘크리트 및 금속이라고 안도는 믿었다. 그는 금속 사용을 반대하지 않는다. 프로젝트의 성격은 당연히 발주처의 요청에 따라 달라지는데, 산토리 뮤지엄을 진행할 당시 안도는 막상 금속 표면을 사용하는 것은 적절하다고 보지 않았다.

나의 모든 작업에서,
빛은 중요한 통제의 요소가 된다.

산토리 뮤지엄, 오사카, 1994

산토리 뮤지엄은 화려하고 넓지만(연면적 13,804m²), 안도의 다른 작품에서 볼 수 있는 극도의 엄격함은 느슨해졌다. 광대한 공간은 공간의 사용과 프로그램의 내부 관계 측면에서 완전히 결정되지 않았다. 물론 고객의 요청으로 부드럽고 느슨한 공간 프로그램을 설계했을 수도 있다. 산토리 뮤지엄은 인근 해안과의 관계성이 매우 뛰어나다. 길이 100m, 너비 40m의 광장이 항구까지 이어져 있다. 건물 앞에 세워진 5개의 콘크리트 기둥은 해안에서 70m 떨어진 방파제에 세워진 또 다른 기둥과 어울려 화음을 이룬다. '인어광장'Mermaid Plaza으로 불리는 이곳은 코펜하겐의 유명한 '인어공주'의 복제품이지만 그 사실이 안도의 기념비적인 구성을 손상시키지는 않는다. 일반적으로 땅에 묶인 형태에서 보기 드물게 바다와 육지를 연결한다. 그 자체로 위쪽으로 솟아오르는 박물관을 배치하고 새로운 형태와 재료를 실험한다.

숲속의 절, 고묘지 사원

안도 다다오의 대표적인 목조 건물로 시코쿠섬Shikoku shima에 위치한 불교 사원 고묘지 사원Komyo-ji Temple, 2000이 있다. 세비야에서 처음 사용된* 적층 목재 들보와 기둥 유형을 사용하여, 4개 그룹의 16개 기둥이 지지하는 3개의 맞물린 들보로 구성된 디자인은 목조 사원 구조의 기본 원리로의 회귀를 나타낸다. 열린 나무 격자의 빛의 놀이는 사원 내부를 살

---

* 안도의 첫 목재 건축물은 세비야에서 진행되었다. 1992년 엑스포를 계기로 세비야에 세워진 일본관(The Japanese Pavilion, 1990~1992)은 주 파사드 길이 60m, 깊이 40m, 최대 높이 25m로 당시 세계에서 가장 큰 목조 건물이었다.

아있는 예배 장소로 만든다. 세비야의 일본관이나 나무 박물관과 달리 고묘지 사원은 사찰 시설, 특히 사제의 거처와 가족 납골당을 수용하는 콘크리트 구조물 옆에 있다. 바깥쪽으로 기울어진 콘크리트 벽은 이러한 맥락에서 특히 연상되는 하늘에 대한 개방적인 형태를 보여준다. 지하실에 인접한 홀을 위해 건축가가 설계한 대형 플라스틱 커튼은 콘크리트를 고귀한 재료로 사용하는 것과 전적으로 일치한다. 대부분 일시적인 변형으로 알려진 플라스틱도 안도의 손에서 미묘함과 위엄을 갖게 되어 고묘지에서 애도하고 예배하는 기능에 완전히 녹아든다.

고묘지 사원은 안도가 특정 지역 조건을 활용한 점에서 더 흥미롭다. 절이 있는 사이조Saijo 마을은 일본에서 사시사철 내내 샘물이 흐르는 곳이다. 사실 이 도시는 지하수가 매우 풍부하기 때문에 전통적인 상수도 시스템이 없다. 안도는 이 지역적인 특징을 포착하여 얕은 샘물 연못으로 고묘지를 둘러쌌다. 사원 건축에서 특이한 이 연못은 안도가 다른 건물에서 물을 자주 사용하는 것을 그대로 반영한다. 원래 엄격한 직선의 정사각형으로 고안된 연못의 디자인은 안도의 제안에 따라 원래 위치 근처에 유지·관리된 250년 된 종탑에 해당하는 곡선이 삽입되었다. 사제와 신도들은 오래된 사원을 완전히 철거하는 데 반대하지 않았지만, 건축가는 가까운 과거의 흔적을 유지하는 것이 현대적 영성의 표현에 중요하다고 생각했다. 흥미롭게도 사찰로 통하는 오래된 문은 안도의 새 건물 옆에 있는 주차장으로만 연결된다. 안도가 새로운 고묘지 사원을 건축하는 동안, 오래된 사원은 인접한 사이트에서 계속 사용되었다. 나중에 작은 종탑과 정문을 제외하고는 모두 헐어 주차장 자리만 남았다.

안도 다다오의 국내 작품

안도는 2013년 원주 오크벨리CC 한가운데 거대한 뮤지엄 산Museum San 을 완성했다. 이 미술관은 한솔문화재단이 의뢰하였는데 한솔제지에 관련된 2005년 종이 박물관에 2013년 청조 갤러리를 통합하여 설계했다. 미술관 안에는 제임스 터렐James Turrell의 작품이 전시되어 있다. 산이라는 테마에 맞추어 여러 작품은 실내와 야외에 흩어져 산책로를 따라 배치되었다. 안도의 건축물은 주차장에서 시작되어 웰컴센터, 조각정원, 플라워가든, 자작나무 숲을 지나 본관에 도달한다. 하늘에 떠있는 정원이라는 표현처럼 웅장한 산줄기 위에 하늘과 맞닿은 완만한 곡선의 정원이 있고 높은 산 위에 물의 정원이 있다. 수면 위에 비치는 하늘과 산의 모습은 놀랍다. 이곳에는 안도의 물의 공간과 빛의 공간이 미술작품과 함께 공존한다. 이름 그대로 산속에 위치한 이 미술관은 정적인 자기 발견의 공간으로 기능한다. 물의 정원에는 얕은 물속 자갈들이 드러나 있다. 이 길을 따라 삼각형의 중정이 있는 미술관 건물에 다다른다. 미술관은 깊은 동선과 노출 콘크리트, 그리고 빛과 어둠이 섞여 놀랍게도 고요하고 정적인 공간을 연출했다. 각각의 전시공간은 전시 내용에 맞게 공간의 크기를 결정하고 마감 재료를 달리 선정했다. 노출 콘크리트와 불규칙하게 쌓인 돌, 절제된 마감면을 보여준다.

서울 혜화동 골목길 완만한 오르막 끝에 오르면 안도의 서울 도심 첫 건축물이 서있다. 재능교육 사옥 바로 앞에 있는 두 개의 노출 콘크리트 건물은 재능문화센터 JCC2016로 복합문화공간으로 설계되었다. 이 공간은 '길'이라는 개념에 도시 공간을 맞추어 디자인되었다. 혜화동 JCC

건축가가 사람들에게 아무것도 없음을 제공할 수 있다면,
사람들은 그 무無로부터 무엇을 성취할 것인가를
심사숙고하게 된다.

뮤지엄 산, 원주, 2013

는 진입도로에서 사선의 V형 기둥으로 떠받든 콘크리트 구조체가 먼저 눈에 띈다. 안도는 수평수직의 완전성을 중시하지만, 이례적으로 사선의 아름다움을 살려 기하학적 형태를 만들었다. 삼각의 창과 외부 디자인은 솟아오른 역동성을 강조한다. 노출 콘크리트의 타설작업 중에 거푸집이 벌어지지 않도록 나사못으로 조이며 생긴 구멍인 콘의 간격과 배치에 섬세함이 있다. 콘 구멍은 가로 60cm, 세로 45cm 간격으로 배치됐다. 더구나 콘 구멍은 벽을 훼손하지 않고 미술작품을 고정하는 데 사용된다. 이 건물도 물론 자연적인 빛, 그림자와 하늘, 노출 콘크리트와 안정된 공간으로 계획되었다. 공간을 가로지르는 통로, 계단, 복도는 자연스럽게 연결되고 하나로 순환된다.

2022년 10월 서울 마곡지구에 개관한 LG 아트센터 서울은 1,335석의 다목적 홀인 LG 시그니처 홀과 가변형 블랙박스 U+ 스테이지를 계획하고 '튜브, 게이트 아크, 스텝 아트리움'이라고 하는 3가지 건축 콘셉트를 통해 예술과 과학, 자연과 시민이 교류하고 공연예술과 다양한 문화가 공존하는 서울의 새로운 문화예술 랜드마크로 계획되었다.

견고한 물리적 세계에 부여한 정신적 가치

안도 다다오는 고전 건축에 부여된 시간과 장소의 통일성만큼이나 엄격해 보일 수 있는 자신만의 규칙을 정의하면서 건축의 과거와 미래를 탐구했다. 그는 '동양과 서양, 현대와 고대 전통, 자연과 건축된 환경'이라는 콘크리트처럼 단단한 물질의 '물리적 현실과 정신의 더 미묘한 영역' 사이의 연결고리를 만들었다. 그는 자신의 조국과 서구의 현대적·고전 건축은 이중적 성격을 지닐 때 흥미로운 것이 된다.
가능한 단순해질 때, 동시에 가능한 복합적일 때, 흥미로워진다.

LG아트센터 마곡, 서울, 2022

적 유산을 바라보며 완벽함의 단순함이라는 분명한 길을 택한다. 그는 건물의 실제 디자인에서 보여주는 세심한 감각을 넘어 건축환경, 특히 자연과 수공간(水空間)의 표현에서 뛰어났다. 안도의 많은 건물은 건축의 일반적인 한계를 초월하기 위해 물, 빛, 자연 자체를 사용한다. 밀집된 도시환경에서도 빛과 바람은 자연이 결코 멀지 않음을 제시한다. 이 일본적 콘셉트는 안도의 작품을 모국 밖에서 관심을 이끌어낸 요소다. 그는 유창한 영어를 구사하는 아내 덕분에 세계 많은 지역에서 작업할 수 있었다. 안도는 지금도 여전히 열정적으로 거대한 프로젝트를 진행하고 있다.

17

SANAA

일본 도쿄 1995 ~

카즈요 세지마(Kazuyo Sejima, 1956~)

류에 니시자와(Ryue Nishizawa, 1966~)

테시마 아트 뮤지엄, 테시마섬, 2010

여성적 미니멀리즘의 건축

사나SANAA, Sejima and Nishizawa and Associates는 일본 도쿄에 본사를 둔 건축 디자인 회사다. 건축가 카즈요 세지마Kazuyo Sejima와 류에 니시자와Ryue Nishizawa가 1995년에 설립했으며, 2010년에 프리츠커상을 수상했다. 그들의 작업은 획기적이고 특별한 세계를 보여준다.

일본 도쿄 북동부 이바라키현Ibaraki에서 태어난 카즈요 세지마는 일본여성대학교에서 건축학 학위를 받았다. 졸업 후 건축가 토요 이토Toyo Ito의 사무실에서 일하다가 1987년 도쿄에 개인 스튜디오를 열었고, 1992년 일본 올해의 젊은 건축가로 선정되었다. 카즈요 세지마는 프린스턴 대학교, 에콜 폴리테크닉 페데랄 드 로잔EPFL, 타마 아트 대학교, 게이오 대학교에서 교편을 잡았다.

류에 니시자와는 도쿄 남쪽 가나가와현Kanagawa 출신으로 요코하마 대학교를 졸업하고 1990년에 건축학 석사 학위를 받았다. 1997년에 류에 니시자와 사무소를 설립했고 요코하마 대학교에서 교수직을 맡았다.

대표작으로 도쿄 오모테산도의 크리스챤 디올 빌딩2003, 오하이오 털리도의 털리도 뮤지엄 유리 파빌리온2006, 뉴욕 현대미술관 뉴뮤지엄2007, 런던 서펜타인 파빌리온2009, 스위스 로잔의 롤렉스 러닝센터 2010, 미국 뉴캐넌의 그레이스 팜2015 등이 있다.

종이 위에 표현되는 예술, 도면

SANAA는 종이에 가볍게 자국을 남기는 듯한 스타일의 건축을 추구한다. 그들의 많은 건물이 실현되지 않았다면, 실제 도면들은 나중에 건축을 위한 단순한 다이어그램으로 여겨졌을 것이다. 그러나 SANAA는 건축 디자인에 있어서, 건축물에 대한 매개적인 표현으로 도면을 사용하기를 거부한다. 그들에게 도면은 종이 위에 표현되는 예술이다. 그들의 도면은 종종 특정 건설방법을 전달하기에는 너무 약하고 부족하고 표현도 다르다. 이러한 도식적이고 추상적인 특성은 도면이 건축방법을 표현하는 도구를 넘어서게 한다. 대신, 그들은 도면 위에 나타난 흔적으로 관계 전체에 대한 관심을 보여준다. 그들은 이미지보다는 프로젝트의 개념적 전체성을 보여주는 것을 목표로 한다. 결국 도면도 그렇게 보이기를 원한다.

수년간 두 사람은 건축적 특징으로 구불구불한 곡선 사용을 피했다. 그러나 2009년 런던의 서펜타인 갤러리 파빌리온Serpentine Gallery Pavilion에서는 곡률을 사용했다. 비록 곡선을 사용하지만, 그들의 작업은 거의 무nothing 아키텍처라는 미스 반 데어 로에의 격언 "적을수록 좋다"Less is More의 합리적인 정신에 집중했다. 그리고 미스와 마찬가지로 SANAA는 그러한 장식용 장치에 의존하지 않고 자신들의 건축을 완성했다. 또 건축 디자인을 실현하고 건설하는 데 수단을 최소한으로 줄이려고 한다. 일례로 서펜타인 파빌리온의 공중에 떠있는 캐노피는 시각적으로 가능한 한 얇게 축소되었다. 마치 가느다란 기둥 위에 놓인 종이 한 장만큼 얇다. SANAA의 작업에서 많은 건축물의 디자인 구조가 필드field

즉, 공간의 영역을 구성한다. 합리적이지만 계층적이지 않은 서펜타인의 구조는 계획의 밀도를 명확히 정의한다.

테시마 아트 뮤지엄

테시마 아트 뮤지엄Teshima Art Museum, 2010 프로젝트 중 자연과 조경을 다루는 방식에서 흥미로운 점은 대부분의 작업이 조경 정원사의 작업이 라는 사실이다. 회사 건물 내에 조성된 녹지는 건축의 인공성과 자연의 설계되지 않은 특성 사이의 대조를 강조한다. 니시자와가 설계한 테시마 아트 뮤지엄은 자연 요소와의 관계를 강화하는 건축의 능력을 가장 잘 보여주는 프로젝트다. 곡선 지붕의 부분적인 노출은 비와 눈, 빛과 바람 이 건물로 들어올 수 있게 했다. 예술가들은 이를 고려하여 작품을 제작 하고 설치해야 한다. 이런 분위기는 전통적인 박물관의 맥락과 다르다. 여러 면에서 건물은 날씨와 풍경의 기록이며 우리가 주변환경에 더 잘 적응하도록 격려하는 수단이다. 테시마 미술관은 지극히 물리적인 건물 이지만, 건물이 견고한 구조물이기보다는 임시 구조물의 특성을 갖도록 하는 것은 바로 이 물리적인 구조 때문이다. 자연과 구별되는 동시에 자 연과 하나로 통합된다.

이 프로젝트는 지역 마을의 오래된 건물로 구성된 작은 공간의 네트워 크를 만든다. 오래된 건물과 건물 사이의 공간을 재생하여 활기찬 예술 커뮤니티를 만드는 동시에 보존 및 적응형 재사용의 시도였다. 소도시에 대한 이러한 접근방식은 프로그램 및 건축적 개선이 필요한 도시에서 가 치가 있다. 이 프로젝트는 인접한 공간과 그 사이 공간의 긴밀한 네트워크를 통해 역사적 도시의 패턴을 구축한다. 이러한 프로세스는 건축적 클러스터에 대한 세지마의 일반적인 접근방식과 일치한다.

롤렉스 러닝센터

또 다른 야심찬 프로젝트는 로잔의 EPFLÉcole Polytechnique Fédérale de Lausanne 롤렉스 러닝센터Rolex Learning Center다. 건물의 프로그램은 도서관, 카페, 학생을 위한 공간을 포함한 다양한 기능으로 구성되며 모두 단일한 하나의 굴곡진 지형적 랜드스케이프에 배치되었다. 이러한 건물의 개념은 연속된 바닥면에 많은 사건과 기능을 수용하는 인공적인 내부 공간을 구성하고, 이 공간을 하나의 전원 풍경으로 보이도록 만드는 것이다. 물결 모양의 바닥은 또한 여러 방향에서 건물에 접근할 수 있도록 만든다. 그리고 바닥의 점진적 변화와 곡률, 지형과 형태의 변화는 특정 기능에 가장 적합한 다소 평평하고 높거나 낮은 표면을 만든다. 건물 내에서 이러한 고유한 위상학적 영역의 구성은 각 영역에 대한 수많은 경로와 접근 수단을 생성한다.

EPFL의 학생, 교직원, 교직원을 위해 건물은 대학 건물을 포함하는 그라운드ground 또는 필드field가 된다. 이 단어의 원래 의미를 살리는 진정한 캠퍼스campus로 변모한다. 그러나 이 경우에는 외부가 아니라 이벤트를 수용하는 인공적인 내부의 공간이 된다. 이 프로젝트는 장애인을 위해 건물의 접근이 어려운 부분에 접근성을 제공하는 다양한 기계적 수단을 추가함으로써 조금 더 초현실적인 분위기를 제공한다.

건축은 장소를 만드는 작업이다.
그리고 장소를 만들기 위해서는 단순히 공간이 아닌
공간과 시간 모두를 고려해야 한다.

롤렉스 러닝센터, 스위스 로잔, 2010

주변 모든 구조에 대한 감수성

세지마와 니시자와의 건물을 방문하면 할수록, 들으면 들을수록, 주변의 모든 구조에 대한 그들의 놀라운 감성을 깨닫게 된다. 그들은 매우 관찰력이 뛰어나고 신체적 환경에 예민하게 반응하여 디자인했다. 지형적 도시로서 캠퍼스 여러 부분의 무게와 크기, 열림과 닫힘, 건물의 가벼움과 날씨의 변동과 빛의 유입과 같은 자연환경에 영향을 받는 세심한 요소까지 고려했다. 니시자와는 사계절에 대한 감사함과 계절의 변화에 대해 주목했다. 그와 세지마는 기후 조건에 따라 사람들이 건물을 어떻게 사용하는지 잘 알고 있었다. 이러한 거주 행위의 단순함과 새로운 행위의 발견에 대한 진정한 열망이 건축 공간에 표현되었다. SANAA의 작업은 근본적으로 자연과 감각을 구별하고 건축 분야에 대한 진정한 차별성에 기여한다. 사용자에게 즐거움을 제공하고 건축물과 그 기능 간의 관계를 역동적으로 제시한다.

SANAA는 프리츠커상을 수상한 뒤, 세계적인 프로젝트를 진행하기 시작했다. 소규모 주택 설계에서 시작된 사무실은 약 50명 규모로 성장했다. 그러나 다른 거대 사무실처럼 수백 명의 인원을 거느리지는 않았다. 세지마는 스스로 적절한 크기의 사무실에서 디자인을 통제하고 싶기 때문이다. 그리고 일정한 크기를 유지하는 것이 건축적 신념으로 옳은 일이라고 생각했다. 덕분에 SANAA는 작은 사무실이 갖는 사고방식을 유지한 동시에, 프로젝트의 성장은 스튜디오로서의 철학을 성장시켰다. 그리고 주거에서 시작된 프로젝트는 대규모 프로그램과 건물 내부와 도시의 관계에 대해 더 많이 생각하게 되었다.

세지마와 니시자와는 프로젝트에 대한 서로 다른 접근방식을 가지고 있다고 이야기한다. 그러나 둘의 차이는 수정을 통해 통합되고 상호작용과 토론을 통해 수렴·발전해간다.

얇고 가녀림

현대인의 삶에서 주변의 사물들은 점점 작아지고 단단해지고 얇아지고 새로워지고 있다. 사물은 새로운 모습으로 조직된다. 끊임없이 보고, 느끼고, 듣고, 만지고, 두드리고, 쓰다듬는 것은 호흡만큼 중요해졌다. 감각하고 느끼는 과정과 행위는 건축에서 중요한 대상이 되었다. 휴대폰, 태블릿, 랩톱 등 화면은 점점 더 얇아지고, 그 어느 때보다 강력한 컴퓨팅 성능으로 끊임없이 채워지면서 서로 병합된다. 도시의 복잡성을 지닌 거대한 회로를 얇은 컴퓨터 칩에 넣을 수 있는 능력은 전파에 의해 보이지 않게 상호연결되어 완전히 새로운 종류의 네트워크가 생겨났다. SANAA의 세지마와 니시자와가 발견하고 바라보는 얇고 가녀린 선, 구조, 판의 형상은 관계와 상호작용의 이미지가 되었다.

가녀림은 항상 평소보다 얇게 느껴지는 공간을 의미한다. 얇아지기 위해서 예산, 기술, 재료, 규제 및 관습의 일반적인 제약에 변화가 필요했다. 역설적으로 얇음은 항상 더 많은 것을 요구한다. 건축가에게 자원을 줄이면 대개 더 두꺼운 것, 더 거칠고 덜 마감된 것이 만들어진다. 얇은 것은 일반적으로 더 비싸고 더 많은 노동력이 요구된다. 적은 것으로 성취된 것처럼 보이는 건축을 실현하는 것은 보이지 않는 것 이상을 무의식적으로 경험하게 만든다.

나무 창틀을 대체한 강철 창틀은 더 이상 얇아 보이지 않는다. 이를 대체한 경량 알루미늄 프레임이나 이를 대체한 플라스틱 프레임도 마찬가지다. 이러한 재료와 형태는 시선의 바로 옆에 있음에도 불구하고 더 이상 보이지 않는다. 점점 더 얇은 창틀을 관습적으로 제작하지만 새로운 얇은 구조로 대체된다. 그러므로 얇음은 치열한 감각의 노력을 함의한다. 가녀림은 예리하지만 나약하지 않다. SANAA는 이러한 얇고 가녀린 건축을 통해, 끊임없이 상호작용하는 관계를 만든다. SANAA의 작업은 얇음에 대한 탐구다. 예상보다 얇은 흰색 수평 지붕 평면, 지붕과 바닥 사이에 걸쳐 있는 가녀린 유리 커튼, 매끄러운 바닥에 예상보다 얇은 흰색 원형 기둥, 얇은 단면의 느슨한 격자. 이러한 얇은 디자인의 효과는 단순하지 않다. SANAA는 끊임없이 두께에 저항한다. 그들은 각 요소의 차원을 최소화하고 그 작업을 가리기 위해 거대하고 지속적이며 복잡한 작업을 수행한다. 모든 복잡성이 기이한 얇은 두께에 흡수된다. 이것은 구성 요소가 어떻게 만들어지고 다른 요소와 어떻게 연결되는지에 대한 최소한의 요소로 조립된 반구조적 건축이다.

흰색 기둥은 단서 없이 천장과 바닥에 닿는다. 눈에 보이는 이음새가 없는 건축에서 모든 스트레스, 긴장, 내부의 힘은 단호한 평온으로 흡수된다. 지붕과 기둥의 치수는 마치 아무런 힘도 작용하지 않는 것처럼 존재한다. 열, 빛, 공기, 전기 및 보안 시스템은 고사하고 내부 재료, 레이어 또는 어떠한 장식과 추가된 몰딩의 흔적이 없다. 모든 형태의 모든 요소는 흰색 페인트와 필름 뒤에 숨겨진다. 어쩔 수 없이 돌출되는 핸들, 스위치, 센서, 알람, 조명장치는 최대한 억제된다. 그 결과 지붕처럼 보이지 않는 지붕 아래 믿을 수 없을 정도로 얇은 기둥의 극도로 단순한 공간이 생성된다. 너무 얇아서 기둥이라기보다는 막대기처럼 보인다. 막대기가 지붕을 들어올리고 있는지, 아니면 아래로 잡고 있는지 감각되지 않는다. 기본 구조인 지반 + 기둥 + 지붕의 이미지는 구조, 하중, 내력에 대한 감각을 제거한다. SANAA의 얇음은 가장 정교한 구조공학이 필요하지만 공학적 흔적은 보이지 않는다. 오직 최소한의 모습만을 보여준다. 건물은 내부의 모든 노력과 고도로 훈련된 근육의 긴장과 마찬가지로 믿을 수 없을 정도로 고요한 방식으로 건물 자체를 유지한다.

건축적 효과는 마치 모델을 만들어놓은 것과 비슷하다. SANAA의 스튜디오는 모든 대안을 테스트하기 위한 흰색 모델로 가득하다. 그러나 여기서 모델은 디자인의 시작이 아니라 그 자체로 건축되는 디자인의 끝을 확인하는 과정이다. 최종 건물은 종종 모델보다 더 얇게 건축된다. SANAA 건물은 사람이 살아갈 수 있는 그림으로 만들고자 한다. 그림에 나 있을 듯한 철근 콘크리트 슬래브와 가느다란 기둥이 새로운 공간을 만든다. SANAA에게 현대건축의 세련됨과 섬세함은 얇은 기둥, 그리드 위의 얇은 슬래브, 섬세한 스크린으로 얇은 벽, 평평한 지붕으로 얇은 지붕을 만드는 것과 다름없다.

본질과 모습이 같은 투명성

가녀림과 함께 SANAA 건축의 특징은 투명성이다. 이전의 두 가지 주제, 내부와 외부 또는 관련 프로그램 간의 연결과 전환을 어떻게 표현하는가에 대한 주제를 표현하는 데 투명성을 활용한다. 투명성은 열림, 간격, 출

우리는 투명한 건축을 구축하려고 한다.
건물의 구조가 몇 번을 지나도 이해할 수 없는 상태로
남아 있는 것은 잘못된 것이라고 생각하기 때문이다.

털리도 뮤지엄 유리 파빌리온, 미국 털리도, 2006

SANAA

입구, 연결과 마찬가지로 관계를 만든다. 이 투명성을 통해 굳이 들여다 볼 필요 없는 관계가 생성된다. 말 그대로, 중간에 차단하는 재료가 없는 선명한 투명성은 특별한 관계를 만든다. 더욱이 건축작업에서 투명성은 스스로 존재감과 중요성을 드러내며 아무렇지 않은 듯 관계를 유지한다. 자연환경, 대기, 투명성, 흰색의 단순함, 얇음, 가녀림, 곡선의 기하학적 유연함을 통해 건축물은 극단적인 경쾌함의 이미지를 갖는다.

니시자와는 투명성을 '본질과 모습이 같은' 상태로 본다. 투명성을 함의하는 이 단어들을 여러 의미로 해석할 수 있다. 그중 하나는 구조가 대변하는 형태의 중요성이다. SANAA 작업을 볼 때, 우리는 구조가 모든 건축적 조건을 결정한다는 것을 알 수 있다. SANAA의 건축은 진정으로 합리적인 것은 무엇인가라는 질문에 답할 수 있는 근본적이고 새로운 관점을 제시한다.

언뜻 보기에 SANAA의 작업은 아키텍처의 투명성에 대한 완벽한 예시처럼 보이며 그 자체로 찬사를 받았다. 이러한 의미에서 SANAA는 근본적인 투명성의 주창자인 미스의 전통을 계승했다. 미스는 내부를 근본적으로 드러내기 위해 깎아지른 듯한 유리벽을 배치한 것으로 유명하다. 그러나 투명성을 내보이지는 않는다. 유리를 통해 보는 행위 자체가 눈을 불안정하게 만든다. 투명성의 역사는 커뮤니케이션 기술의 역사와 연결된다. SANAA는 가볍고 여린 건축물에 투명성을 더하고 더 나아가 내부와 외부에 반사 레이어를 생성하여, 내부와 외부 사이에 명확한 경계가 없다. 공간은 안도 밖도 아닌, 무한히 확장되는 것처럼 보인다.

SANAA의 건축물 내에서 구조는 공개되지 않는다. 건물의 내적 비밀을 발견하기 위해서가 아니라, 보기 자체에 매달리기 위해, 방문자는 문자 그대로 유리벽 사이에 있는 경우가 많다. 앞에 있는 유리면을 통해 또 유리면을 보고, 그다음에도 또 다른 유리면이 있다. 각 표면에서 병치된 반사가 내부와 외부 사이의 모든 선을 분해한다. 모든 층을 들여다보면 시야가 부드러워지고 왜곡되며 유리의 곡선과 잔물결이 그 왜곡을 강조한다.

숨쉬는 유리 파빌리온

SANAA의 유리 파빌리온은 마치 그들 자신의 날씨를 만들어내는 것처럼 폭풍 속에 영구적으로 세워져 있다. SANAA의 것은 액상의 건축물이다. 최근에 그들의 건축언어가 이러한 느낌을 표현하는 것은 우연이 아니다. 라사마리텐La Samaritaine 프로젝트*에서는 유리의 부드러운 파도를 묘사했고, 하츠다 타워Hatsuda tower에서는 기복이 심한 그물망을 사용했고, 루브르 렌즈Louvre-Lens에서는 건물이 주변에 녹아들게 하는 반사의 유희와 공원을 허용하는 유리 로비를 표현했다. 구조물을 통해 흐르는 듯한 형태와 역으로 내부가 밖으로 쏟아져 건축물 자체의 경계가 흐려진다. 모든 것이 액체가 된다. SANAA 건물은 다공성이다. 밀봉된 상자가 아니다. 숨을 쉰다. SANAA는 스크린, 필터, 슬릿slit, 막membrane, 커튼, 그물망mesh를 좋아한다. 흐름은 그저 광학적인 것이 아니다. 이러한 표면은 풍경을 호흡하고 주변을 끌어들인다. 건물은 주변에 녹아들어 하

* 파리의 유서깊은 백화점 라사마리텐의 리노베이션 프로젝트

우리는 건축에서 본질과 외관이 동일하다고 믿는다.
즉, 건축 작품의 구조와 그 존재는 하나의 조각이다.

라사마리텐 백화점, 파리, 2021

늘과 초목의 색, 계절과 시간에 따라 변하는 모습을 흡수한다.

순환하는 길과 살아있는 건축

SANAA의 건축작업은 그밖에도 여러 특징을 보여준다. 특히 눈길을 끄는 것은 막다른 골목이 없다는 것이다. 그들은 입구가 하나뿐인 공간을 만들지 않는다. 사람들은 다양한 지점에서 출입할 수 있다. 21세기 가나자와 현대 미술관2004은 오래된 학교 울타리를 제거하여 인근 겐로쿠엔 정원Kanazawa Kenrokuen Garden과 도심 사이의 사람들의 흐름에 사이트를 개방하여 마치 둑이 막힌 강의 수로를 복원한 것처럼 도시 전체의 투명성을 조성했다. 박물관의 원형은 사람들의 흐름을 자연스럽게 그 주위로 소용돌이치고 주변의 모든 입구를 통해 건물 자체를 통해 방해받지 않고 흐른다.

SANAA가 미래에 어떤 종류의 건축을 만들지는 모르겠지만 분명 투명하고 생동감 있는 살아있는 건축을 생산할 것이다. 지금까지의 일반적인 건축의 과정과 형태, 표현의 틀을 깨고 자신만의 색채를 보여주는 SANAA의 건축은 지금도 변화하고 발전하고 있다.

18

Kim Swoo Geun

김수근
함경북도 청진 1931 ~ 대한민국 서울 1986

경동교회, 서울, 1980

한국 근현대건축 역사 1세대

한국 근대건축 역사의 1세대 대표적인 인물로, 1960년대에서 80년대 이르는 한국 건축의 시대상을 대변한다. 공간 건축을 통한 건축사업과 문화예술지원 그리고 교육적 측면에서 중요한 업적을 세웠다.

1931년 일제 강점기에 함경북도 청진에서 태어난 김수근은 아버지 김용환과 어머니 김우수달 사이에 장남으로 태어났다. 김수근의 아버지는 금광, 어장, 목재 사업으로 가업을 일으킨 인물로, 그의 집안은 부유했고 서울 나들이에 기차 한 량을 빌릴 정도였다. 북촌에서 대부분의 소년기를 보낸 김수근은 예술에 관심이 있었고, 미군정시절 만난 미군으로부터 건축가를 권유받았다. 이후 경기공립중학교를 거쳐 1951년 서울대학교 건축학과에 입학했다가 일본으로 건너가 (서울대 건축과를 중퇴하고) 1954년 도쿄 예술대학 건축학과에 입학했다. 1959년 5월 '국회의사당 설계 도안 현상모집 공고'를 계기로 한국에 돌아왔다.

1966년 종합예술지인 월간 《공간(空間)》을 창간하였고, 이 《공간》 SPACE은 현재까지 국내외의 건축을 소개·발표하는 연구잡지로 발행되고 있다. 1971년에는 자신의 설계사무소인 '공간사옥'을 건립하였고, 이 사옥은 지금까지 그의 건축적 사고와 철학을 보여주는 중요한 건축물로 여겨진다.

대표작으로는 (설계연도 기준) 워커힐 힐탑바1961, 자유센터1963, 공간사옥1971, 이란 테헤란의 알보즈 76 1976, 올림픽 주경기장1977 ,경동교회 1980 등이 있다.

본격적인 건축 활동의 시작

김수근의 본격적인 건축 활동은 5.16 쿠데타의 핵심이었던 김종필과 친분을 쌓으면서 시작되었다. 박정희 군사정권과 전두환 군사정권에서 많은 국가적인 프로젝트를 수행하였다. 대표 건축물로 (설계연도 기준) 자유센터(중구 장충동, 1963), 국립부여박물관(충청남도 부여군, 1967), 세운상가(종로3가~퇴계로3가, 1968), 타워호텔(현재 반얀트리 클럽 앤 스파 서울, 중구 장충동, 1969), 세계박람회 엑스포 한국관(일본 오사카부, 1970), 공간사옥(종로구 원서동, 1971), 남영동 대공분실(용산구 갈월동, 1976), 서울올림픽 주경기장(송파구 잠실동, 1977), 국립청주박물관(충청북도 청주시, 1979), 종합문예회관(현재 아르코 아트뮤지엄, 종로구 마로니에 공원, 1979), 마산 양덕 성당(경상남도 마산시, 1979), 경동교회(중구 장충동, 1980), 아르코예술극장·아르코미술관(종로구 대학로 동숭동, 1981), 주한미국대사관(종로구 세종로, 1983), 구미문화예술회관(경상북도 구미시 송정동, 1983), 국립중앙과학관(대전광역시 유성구, 1984), 국립진주박물관(경상남도 진주시 남강로, 1984), 불광동 성당(은평구 불광동, 1985) 등을 설계했다.

건축적 경향, 1960년대

김수근의 건축적 경향은 세 단계로 나누어볼 수 있다. 1960년대, 1970년대, 1980년대로 나누어 확인할 수 있다. 제1기인 60년대는 워커힐, 남산 자유센터, 부여박물관과 같이 구조적으로 강한 이미지의 노출 콘크리트가 특징이며, 제2기인 70년대는 공간사옥과 경동교회와 같이 벽돌을 사용한 한국적·공간적·조형적 감각의 표현이 특징이며, 제3기인 80년대에는 올림픽 주경기장과 같은 대형 프로젝트가 두드러진다.

1960년대 그는 표현적이고 조형적인 건축언어를 구사하여 국회의사당, 자유센터, 워커힐, 오양빌딩, 구씨저택 등과 왜색 논쟁이 일어났던 부여박물관을 설계했다. 이 시기에는 강한 이미지로 기념비적인 성격에 알맞은 노출 콘크리트를 주재료로 사용하였다. 김중업이 전통건축의 지붕의 형태와 볼륨의 이미지에 집중했다면 김수근은 이 시기에 전통건축의 선형적 디자인에 관심을 가졌다. 지붕의 기와 골, 기와의 겹치는 디테일, 요철, 교차하는 선의 선적인 구도는 전통적 이미지의 중요한 테마였다. 그 결과, 부여박물관을 비롯하여 청주박물관에 사용된 지붕의 디테일과 남산 자유센터의 구조적 형태가 전통적 이미지를 부여받았다.

워커힐 힐탑바, 자유센터, 부여박물관

워커힐 힐탑바는 김수근이 1961년 설계한 프로젝트다. 견고하고 단단한 노출 콘크리트의 구조적 표현은 피라미드를 뒤집어 무게 중심의 변형과 불균형적 힘을 강조한 과감한 디자인이다. 주변환경을 이해하고 이를 대비적으로 활용한 김수근은 외부공간으로 이해되는 기능적 공간을 조망과 바 역할에 충실한 기하학으로 표현했다. 이 프로젝트는 6.25 전쟁 중에 전사한 초대 미8군 사령관인 워커 중장의 이름을 따서 지은 워커힐 호텔의 최상부에 위치한 파빌리온으로, 워커의 W자를 이용하여 피라미드의 (중심 기둥이 45도 각도로 기운) 역구조적 건축물로 형상화했다.

서울 중구 장충동 남산 자락에 있는 자유센터1963는 권위주의적 군사문화와 반공이념을 반영했다. 이러한 콘크리트 구조나 규모는 과장된 형

내일이면 늦다.
건축가는 내일을 위해서 사는 사람이므로
오늘이 중요하다.

워커힐 힐탑바, 서울, 1961

Kim Swoo Geun

태가 특징이다. 특히 자유센터의 후면, 건물 본체에서 하늘을 향해 길게 뻗은 캔틸레버*가 두드러지며 이러한 형태는 르코르뷔지에 건축물의 특징을 차용한 것으로 보인다. 건물 중앙에 놓인 긴 계단 등은 스케일과 형태면에서 압도적이며 김수근 건축의 초기 노출 콘크리트 구조가 두드러진다. 그러한 구조 위에 강한 물성을 표현하는 테라코타terra cotta**와 타일 모자이크 벽면을 구축했다. 이러한 과장된 구조의 내부공간은 매끄러운 표면을 가진 유기적 공간이 자연스럽게 이어진다.

국립부여박물관1965은 1967년 〈동아일보〉가 역사학자의 비평으로 지붕이 '인(人)'자인 것이 일본 신사를 연상시킨다고 보도해 왜색 논란을 빚었다. 또 한 명의 중요한 1세대 건축가 김중업은 "순수한 일본식 풍조 역수입 운운은 폭언"이라며 김수근을 공격했다. 김수근은 "건축은 스케일로서 보는 예술, 변명으로 넘길 수 없는 준엄한 사실"이라며 반박했다. 8년간의 도쿄 유학으로 일본 전통과 문화의 영향을 받았다고 생각되지만, 군사정권의 후원을 받았던 그에 대한 건축계의 부정적 이미지가 불씨가 된 사건이기도 했다. 이 논쟁은 일반인과 학생들에게 건축적 관심을 불러일으켰다. 동시에 한국 건축계에 전통의 계승과 한국성의 문제 그리고 현대 한국의 새로운 창조라는 관심을 불러일으켰다.

서울 도시계획

김수근은 1965년부터 1969년까지 서울 도시계획에 깊이 관여했다. 대

---

* 한쪽 끝은 고정되고 다른 끝은 받쳐지지 않은 보
** 점토를 구워 기와처럼 만든 건축용 도기. 건물 외장용으로 사용되는 타일의 일종

규모 공공사업의 설계를 관장한 한국종합기술개발공사의 수장을 맡았기 때문이다. 김수근은 서울 종로3가 재개발1967, 여의도 마스터플랜1969 등을 진행했다. 이는 서울의 형태와 역사에 가장 큰 프로젝트 중 하나였다. '큰 도시 속의 작은 도시들'이란 기조로 진행된 세운상가는 남북 방향으로 설계되었고 거대한 구조물은 하나의 경제적·사회적 도시를 형성했다. 최근에 와서 도심의 흐름과 서울의 녹지 축을 가로막았다는 지적을 받았는데 이는 현재 재개발과 녹지축의 연결이라는 새로운 숙제로 떠올랐다.

김수근이 다양한 건축적 설계작업과 도시적 규모의 디자인에 열정적이었던 것은 어려서부터 조선과 해방된 한국과 다른 세계를 접하고 이를 이해하는 데 앞서 있었던 것도 중요한 배경이 된다. 그는 조부를 따라 무역과 여행으로 만주와 서울, 일본의 도시들을 방문할 기회를 가졌고 이때마다 발전하는 도시의 경제적·물질적 감각과 문명의 예술적인 차이를 접할 수 있었다. 어려서부터 자동차와 카메라 등 근현대 문명의 도구에 익숙했고 도시적 세계와 삶을 잘 이해하고 있었다. 더욱이 부친의 경제적 여유는 그가 도시적 부르주아의 근대적 감수성을 이해하고 호기심을 가질 수 있도록 도왔다. 그는 서울과 한국의 도시들이 어떠한 모습으로 발전하고 문화적인 토대를 가질 수 있는지에 고심했고 근대적 도시들이 가진 합리적인 효율성과 가치에 주목했다. 또 한편으로 서울의 기형적 이중구조에도 비판적이었다. 서울은 유기적 일체성보다는 이질적이었다. 도시화는 공업화와 동시에 일어났으나 일제는 산업 이외에 공업발전을 억압했기 때문에 서울은 자생적인 산업기반을 갖지 못했고 주로 식민

지배를 위한 행성시설과 서비스시설만이 존재했기 때문이다. 그리고 이러한 도시의 행정, 서비스 시설에 의존한 서울 시민들의 삶이 강권적인 도시구조와 도시계획으로 기형적이 되었다고 보았다. 그 때문에, 그에게 서울의 새로운 형태와 구조는 새로운 공간, 교통, 이동, 산업의 토대가 되어야 했다.

김수근은 박정희 정권의 지원을 받았기 때문에 비판을 받기도 했다. 실제 김수근은 군사정권에 냉소적이었고 당시 정권과 사회경제적 견해를 달리했지만 당대 행정부의 건축을 맡았기 때문에 역사적인 비판도 받아야 했다.

작품세계를 구축한 1970년대

1970년대는 김수근의 작품세계를 구축한 시기다. 그가 오랫동안 고심한 전통건축이나 전통문화를 소화하여 그가 지니고 있던 조형감각에 공간의 크기와 인간적인 스케일을 발전시켰다. 이 시기에 지어진 공간사옥, 서울대학교 예술관, 덕성여대 약학관, 가정관, 경동교회, 불광동 성당과 같은 건축물은 벽돌을 섬세하고 세련되게 다루면서 인간적 스케일의 공예적 건축의 특징을 부여했다.

두 손을 모아 기도하는 모습처럼 보이는 경동교회1980는 김수근이 설계한 대표작이다. 외부에서 보면 창문이 하나도 없다는 것도 특징이다. 파벽돌(깨진 벽돌)을 사용하여 빛이 스며들게 하고 보는 위치에 따라 건물의 형태가 다르게 보인다. 건물 내부로 진입하는 계단은 그 폭이 변화하는데 넓은 계단이 점점 좁은 계단으로 바뀌게 디자인되었다. 이러한 점진적 변화는 교회 예배당으로 들어가는 이가 엄숙하고 경건한 의식을 품도록 한다. 외벽은 붉은 벽돌로 치장되었으나 내부는 노출 콘크리트로 마감되어 내부공간은 천창으로 떨어지는 빛에 의해 신성한 이미지를 드러낸다.

이 시기 김수근은 외장재로 주로 붉은 벽돌을 사용했다. 한국 벽돌의 크기는 서양의 석조 건축의 그것보다 비교적 작다. 이러한 재료의 크기와 비례에 따른 차이는 건물 전체의 구성에서 다양한 공간의 세분화된 스케일과 분절로 표현된다. 내부 벽돌은 같은 크기의 시멘트 벽돌을 사용했다. 이에 줄눈*은 전통적인 느낌의 투박함을 갖는다. 이러한 벽돌로 인한 건축 조형적 효과는 벽면을 분절시킴으로써 매스의 육중함을 상쇄하고 대신 풍부함을 부여한다.

김수근은 건축설계뿐 아니라 미술·문화계의 부흥에도 힘썼다. 현재까지 명맥을 이어가는 건축저널 《공간》을 창간하면서 건축계의 장(場)을 마련했고, 설계사무소로 쓰기에도 비좁은 사옥에 공연장을 만들어 수많은 문화예술인을 도왔다. 그는 한국의 문화 전반에 관심을 드러냈고 이를 발전시키고자 노력했다.

또한 그의 설계사무실은 다양한 의식과 관심을 표현하고 도전하는 동료들이 함께했다. 그들은 새로운 한국 건축을 창조하고 새로운 시대를 여는 것에 자부심을 가졌다. 당시 그의 사무실의 동료이자 제자는 장세양, 민현식, 승효상, 우규승, 이종호, 유걸, 김종규, 김병윤, 김영준 등으로

---

* 벽돌이나 돌을 쌓을 때, 사이사이에 모르타르 따위를 바르거나 채워 넣는 부분

현대 한국 건축의 중요한 인물들이다.

궁극적 공간

1969년부터는 인간환경계획연구소를 통해 자신의 건축언어를 실험하고 재점검하던 시기였다. 이러한 시도는 그가 부여박물관1967의 건축적 형태와 원류에 대하여 전통성과 이질적인 형태로 왜색 시비에 시달린 이후였다. 이러한 진통 이후, 최순우*와의 교류는 더욱 의미있고 활발한 연구를 유도했다. 그는 이 시기에 한국적 아름다움에 대해 질문하고 고민했다. 그리고 결국 여유와 해프닝의 요소를 머금는 '궁극적 공간'이라는 개념을 만들었다. 김수근의 공간사옥1971은 그의 연구와 사고가 토대가 된 건축물이자 스스로 이를 입증하고 심화할 수 있는 사례였다.

'궁극적 공간'은 김수근이 추구한 건축 개념이었다. 인간 환경의 본질은 물리적 관점이 아니라 내면적·정신적인 관점에서 이해된다. 그는 인간성을 유지하고 표현하기 위한 공간을 '궁극적 공간'으로 이해했다. 김수근은 경험을 통해 인간에게는 주거를 위한 기본적인 공간(제1의 공간)과 경제활동을 위한 창고와 공장, 사무실(제2의 공간)도 필요하지만, 무엇보다도 제3의 공간, 즉 궁극적 공간이 필요하다고 보았다. 그에게 궁극적 공간이란 시간의 여유와 공간의 여유를 의미했다. 실제로 이러한 공간은 물리적으로 비생산적 공간이고, 사색을 위한 공간이며, 평정의 공간이었다. 공간사옥은 김수근이 구축한 궁극적 공간이었다.

* 김수근의 건축세계에 절대적 영향을 미친 미술사학자

공간사옥

공간사옥은 건축을 전공하는 학생들이라면 한 번쯤 꼭 방문하는 곳이다. 현재는 현대미술관인 '아라리오 뮤지엄'으로 사용되고 있다. 공간사옥은 무작정 높은 건물을 짓던 70년대에 이질적인 건축물로 세워졌다. 이 사옥은 한국인의 체형에 맞는 공간과 인간적인 공생을 중시한 김수근의 건축철학이 응축된 공간이다.

　김수근은 벽돌로 시를 쓰듯이 공간을 건축했다. 건물 입구는 정면이 아닌 측면으로 열어 건물에 들어서고자 하는 길을 만들면서 그가 생각한 오래된 북촌의 골목 이미지로 표현했다. 외관은 검은 벽돌을 폐쇄적으로 쌓아 상호작용할 수 있는 매개체를 아끼고 있는 모습이지만, 내부는 한옥과 같이 열린 공간으로 이어져 막힘없는 공간 연결방식을 도입했다. 공간사옥은 그가 오랫동안 전통건축의 아름다움을 고민하여 현대건축 공간으로 표현한 실례였다. 그 덕분에 이 사옥은 한국 현대건축의 대표작이라는 평가를 받는다. 동시에 문화예술인의 무대이자 문화계 사랑방으로 오아시스의 역할을 자처했다.

　공간사옥은 건축사무소일 뿐만 아니라 문화공간이었다. 이는 김수근이 관심을 가진 한국의 전통성과 문화의 토대를 이해한 결과였다. 때문에 월간지《공간》은 예술종합잡지로 발간되었고 공간사옥은 건축사무소이자 미술관으로 기능했다. 또 소극장 공간사랑, 카페, 공예품 전시관 등이 함께 운영되었다. 공간사랑 소극장은 공옥진 여사의 병신춤, 김덕수 사물놀이패가 처음 시작된 곳이기도 하다.

인간人間, 시간時間, 공간空間,
어찌하여 세 가지 모두가 간間 자를 지녔을까?
간間, 우주간宇宙間, 동서간東西間, 남북간南北間, 남녀간男女間,
간間 없이 아무것도 존재하지 않는다.

공간사옥, 서울, 1971

집의 개념

김수근에게 또 건축적으로 중요한 개념은 바로 집의 개념이다. 그에게 집은 어머니와 대지, 뿌리와 같은 개념이었다. 직접 언급한 대로 집은 언제 어느 때 돌아가게 될지 알 수 없을 때 그 개념이 더욱 확실해지고 견고해졌다. 그에게 집으로 돌아갈 때가 정해지지 않은 때일수록 집은 그의 의식이나 마음에 더욱 강하게 연결되었다. 오래 집으로부터 멀리 떨어져 있을수록 집은 어머니가 계시는 곳으로 인지되었다. 이러한 집의 개념은 그가 제시하는 자궁, 모태 공간, 어머니, 어머니의 가옥, 환경으로 확장되었다.

유년기에 어머니가 김수근에게 미친 영향은 그가 서구 모더니즘 건축에 몰입하였으나 결국 한국적인 전통성과 우리 자신의 건축으로 돌아가게 한 근원적인 모태가 되었다. 이러한 사고는 그의 건축에서 종종 나타나는데, 가장 중요한 특징은 중정의 공간을 한정하면서 공간적 중층성을 연출하는 것이다. 건축에서 내부와 외부를 구분 짓는 입구의 의미를 강조하고 한옥에서 경험할 수 있는 공간의 연결, 한옥의 마당, 박물관의 중정, 공간의 스케일과 조작방법을 확인할 수 있다. 이러한 조작은 공간을 단순히 기능적인 공간의 구획이 아니라 전통적인 한옥이 갖는 거주하고 안정된 공간의 역할을 동시에 수행하도록 했다. "어떤 집에 사는가는 인간의 평생의 과제이고 어떤 집에 사는가는 일생의 숙제"라고 언급했다. 그는 집이 소유가 아니라 사용자의 입장에서 출발하는 고차원적 사고라는 점에서 지적 주거론을 이야기했다.

남영동 대공분실

1976년 완공된 서울 남영동 대공분실도 김수근이 설계했다. 재료와 형태, 공간 배치 면에서 1971년 지어진 원서동 공간사옥과 비슷했다. 남영동 대공분실은 김근태가 이근안에게 전기고문을 당하고, 박종철이 물고문으로 죽으면서 사회에 널리 알려지게 된 건물로, 많은 민주투사에게 고문, 공포의 상징이었다. 당시 용도를 알지도 못하고 설계했고, 실제 건축과정에서 설계가 그대로 반영됐는지도 알 수 없으나 창문, 계단, 문, 소품 하나하나에 이르기까지 고문과 취조에 최적화된 설계로 지어진 건축물이라는 것은 사실이다. 특히 건축물의 철 계단과 발자국 소리가 견고하게 계획된 내부공간은 고문을 위한 공간으로써 강력한 공포를 생산했다. 그 때문에 이 건축물과 이를 설계한 김수근은 많은 비판의 도마에 올랐다. 2005년부터 경찰청 인권센터로 사용된 이 건물은 2024년 민주인권기념관으로 재개관될 예정이다.

대형 프로젝트의 1980년대

1980년대 김수근은 대형 프로젝트들을 설계한다. 그러한 거대한 구조와 볼륨의 이미지를 유지하면서 거대한 볼륨을 세부적인 디테일과 인간적인 스케일로 분절함으로써 풍부한 건축적 표현을 유지했다. 라마다 르네상스 호텔, 벽산빌딩, 서울지방법원 청사, 서울 올림픽 주경기장, 체조경기장이 있다. 이 시기에는 알루미늄 패널 등 새로운 자재와 새로운 기술을 시도했다.

잠실 주경기장은 연면적 13만 3,649m²에 최대 10만 명을 수용할 수 있는 대규모 건축물이었다. 주변과 자연스럽게 어우러지는 주경기장은 대형 건축물이 가진 다이내믹함을 전달하기도 하지만 동시에 친근하며 인간적인 크기로 계획되었다. 한국적 아름다움을 표상하고 한국적 곡선미를 살리는 디자인으로 백자의 항아리 선에서 윤곽과 볼륨을 차용하였다. 경기장은 3층 구조로 설계돼 있는데, 경기장 밖 정문에서 북쪽 방향을 보면 80여 개의 콘크리트 기둥이 전통적 건축의 목조 기둥 같은 이미지를 재구성하며 상층부를 떠받치고 있다. 전체적으로 구조적 요소들이 한국 전통 이미지의 윤곽선으로 구조화되었다. 이중 가장 눈에 띄는 부분은 단연 지붕이다. 이 지붕은 곡선의 흐름을 뽐내며 유려하게 뻗어있다. 이런 곡선의 흐름은 주변부와 자연스럽게 어우러지며 매혹적으로 다가온다.

김수근은 이러한 한국적 조형의 형태가 지닌 선의 아름다움에 집중하였다. 이 거대한 구조물의 기둥과 수평띠는 적절한 곡선과 길이 방향의 거대함을 분절하는 줄눈으로 구분되었다. 이 블록들의 리듬은 형태적으로 부여박물관, 자유센터, 세운상가 등에서 사용된 구조적 형태를 연상시킨다. 또한 그가 초기부터 사용한 노출 콘크리트의 구조적인 표현과 물성의 구축을 그대로 재현한다. 그는 이러한 도시적 건축이 생활공간 주변에서 체험되는 생생한 예술이며 이를 통해 서울이 세계적으로 개성있고 아름다운 도시로 거듭날 수 있다고 강조했다.

한국 근대건축의 탐구

김수근 건축의 본질은 한국 전통 건축을 이해하고 이를 구조적으로 공간

도시는 24시간의 예술이다.

잠실 주경기장, 서울, 1988

적으로 구성하는 데 노력한 것이다. 또한 근현대 한국 건축의 토대를 생성하고 이를 위하여 교육, 건축사무소, 잡지, 기관 활동을 이어갔다. 그의 노력은 1960년대부터 80년대까지 한국 건축의 1세대 건축가로서 한국성과 한국의 건축, 전통, 이미지에 대한 사고를 심화하고 그에 대한 질문으로 이어졌다. 그는 세계적인 흐름으로써 모더니즘과 지역성을 함께 고심하였고 나름의 해답을 찾아 형식적·기능적인 패러다임을 체계화했다.

19

Kim Chung Up

김중업
평안남도 평양 1922 ~ 대한민국 서울 1988

올림픽공원 세계 평화의 문, 서울, 1988

시인을 꿈꿨던 독보적인 건축가

2022년은 한국 현대건축의 선구자, 김중업의 탄생 100년이었다. 한국 모더니즘 건축의 1세대 대표 건축가이자 건축을 예술로 격상시킨 건축가로 평가되며, 시인을 꿈꿨던 독보적인 건축가였다. 근대건축의 거장 르코르뷔지에의 유일한 한국인 제자였던 김중업은 김수근과 함께 한국 근현대건축의 토대를 쌓았다. 그러나 정치적 발언을 이유로, 국가로부터 추방당한 건축가로 기록된다. 김중업은 건축을 예술로서 바라보고 예술로서의 건축을 일관되게 주장했다. 기본적으로 기능주의적인 효율적 건물이 아니라 감동과 감각을 제공하는 아름다운 작품을 표현하고자 했다. 또한 서양의 근현대건축을 배우고 한국에 이식하면서 한국의 건축물에 한국적 정체성을 남기고자 했다.

김중업은 평양고등보통학교 출신에 군수를 지냈던 아버지 덕분에 유복한 유년기를 보냈다. 군수인 아버지를 따라 강동, 중화, 성천에서 유년 시절을 보냈다. 평양고등보통학교에 입학했는데 특히 시와 그림에 재능이 있었다. 미술선생의 추천으로 1939년 일본 요코하마 고등공업학교 건축과에 입학했는데, 김중업은 나중에 미술과 시와 가장 가까운 것이 건축이었기 때문이라고 당시를 회고하기도 했다. 1941년 졸업한 뒤 마쓰다(松田) 히라다(平田) 건축사무소에서 3년간 건축실무를 익히고, 1945년 서울에 있는 조선주택영단(LH의 전신) 기수로 일하다가 1949년부터 서울대학교 건축공학과 교수가 되어 건축을 가르치며 시를 썼다.

대표작으로 주한프랑스대사관1961, 서산부인과의원1967, 삼일빌딩1970, 올림픽공원 세계 평화의 문1988 등이 있다.

대표작으로는,

초기 대표작으로는 명보극장1956, 서강대학교 본관1958, 서울 장위동 '人'자의 집1958, 드라마센터1959, 주한프랑스대사관1961 등이 있다. 그 이후 주요작품으로는 설씨 청평산장1962, 부산 UN묘지 정문1966, 서산 부인과의원1967, 제주대학 본관1969, 삼일빌딩1970 등이 있다. 1970년대 외국에 체류하며 설계한 작품으로는 성공회회관1976, 한국외환은행본점 설계경기안1979 등이 있으며, 1979년 귀국 후에는 바다호텔1980, 하늘교회 민족대성전1980 등의 계획안을 발표하였고, KBS 국제방송센터1985, 올림픽공원 상징조형물1985 등을 설계하였다.

르코르뷔지에와의 만남, 건축을 예술로

1950년 6.25전쟁 발발로 가족과 함께 부산으로 피난을 갔다가 그곳에서 김중업은 전국에서 몰려든 당대 내로라하는 예술인들과 폭넓게 교류했다. 시인 구상, 모윤숙, 조병화와 화가 김환기, 박서보, 이중섭 등과 교류했다. 건축가 박학재와 함께, 조병화를 위하여 부산 송도 앞바다에 '패각의 집'으로 알려진 송도의원 건물을 설계하기도 했다.

　건축을 예술의 지위로 격상시키고자 하는 열망은 1950년대 한국 건축계의 시대적 요청이었다. 한국 예술인들은 1952년 베네치아에 유네스코 주최로 열리는 제1회 세계예술가대회에 한국 대표를 보내기로 했다. 당대 유명한 화가, 문인들과 김중업이 함께 참석하기로 결정했다. 이는 건축이 예술로 공인받은 사건으로 여겨졌다. 동료 건축가들은 김중업의 여비를 모아 전달했다.

세계예술가대회에서 김중업에게 일생일대의 사건이 일어났다. 동경하던 르코르뷔지에를 만난 것이다. 특별연사 자격으로 무대에 오른 김중업의 연설에 르코르뷔지에는 깊은 감명을 받았고, 그날 밤 열린 연회에서 김중업에게 물었다. "당신은 시인인가요? 건축가인가요?" 김중업은 "저는 시인이자 건축가입니다"라고 답했다. 그리고 파리의 건축 사무실에서 일하고 싶다고 말했다. 르코르뷔지에는 자신의 사무실로 와보라했고, 이에 김중업은 귀국하지 않고 바로 파리 르코르뷔지에의 사무실로 갔다. 1952년 10월부터 1955년 12월까지 3년 2개월 동안 르코르뷔지에 사무실에서 일하면서 김중업은 인도의 찬디가르 프로젝트*에 참여했다. 당시 르코르뷔지에의 작업과 건축 및 도시계획을 수업하고, 이후 알바 알토 사무실에서도 일하고 싶었으나 이는 이루어지지 않았다. 그는 유럽에서의 건축 활동을 통해 자아 발견의 기회를 얻었다.

김중업건축연구소

1956년 귀국한 김중업은 '김중업건축연구소'를 열었다. 그는 유럽에서 경험한 모더니즘 건축과 한국 전통을 결합한 독창적인 작업을 진행했다. 귀국 이후 그의 이름을 내건 건축연구소에서 선보인 여러 건축 프로젝트에는 필로티, 브리즈솔레이유(외부 차양막), 모뒬로르(르코르뷔지에가 고안한 건축 및 디자인용의 기준 척도와 치수표)와 같은 르코르뷔지에의 여러 건축언어가 직접적으로 드러났다. 하지만 그는 주한프랑스대사관1961을

* 르코르뷔지에와 피에르 잔느레가 인도 펀자브주의 주도 찬디가르에서 공동으로 진행한 신도시계획 프로젝트로, 1951년부터 1966년까지 진행되었다.

완공함으로써 자신만의 건축언어를 표현했다. 서병준산부인과의원과 제주대학교 본관 등 이후의 디자인을 통해 자신의 모더니즘과 한국성의 이해를 더욱 깊이 진행했다.

그는 자신의 프로젝트에서 이전의 한국 건축에서 볼 수 없었던 독특한 조형미와 모더니즘의 해답을 제시했다. 모더니즘의 정방형 볼륨 건축물이 지배적이고 기능적이고 합리적인 해결이 우선되었던 당시 상황에서 김중업은 유기적인 곡선과 한국성을 드러내는 조형성을 강조했다. 그는 건축 디자인의 이해와 기술력, 자본력이 부족했던 1960~70년대 이러한 조형성을 창조하는 노력을 지속했고 그러한 배경에서 김중업 건축의 가치나 위상은 매우 뛰어나고 훌륭한 결과였다. 특히 서산부인과의원, 태양의 집, 제주대 용담 캠퍼스 본관은 그의 독창적인 사고와 과감한 표현을 보여주는 건축물이다.

주한프랑스대사관

1961년에는 그의 대표작으로 평가되는 주한프랑스대사관을 선보였는데, 콘크리트로 지붕 처마선을 직선과 곡선으로 처리한 형태와 단아한 전체구성 및 공간처리는 한국의 얼과 프랑스다운 우아함이 잘 어우러진 건물로서 이후 한국 현대건축에 큰 영향을 주었다.

서울 서대문 언덕 위에 지상 4층, 전체면적 1,603m² 규모로 계획된 주한프랑스대사관은 김중업의 건축적 사고와 조형의식이 잘 드러나고 이를 본격적으로 표현한 작품이라 할 수 있다. 4개의 분할된 볼륨은 경사진 대지 위에 둥근 정원을 품고 배치되어 하나의 완성된 건축물을 이룬다.

건축이란 인간이 자연에 시도하는 가장 웅장하고
보람 있는 창조에의 길이라는 것을
꼭 잊지 말아야 한다.

주한프랑스대사관, 서울, 1961

그러한 배치는 한국 전통가옥의 조형성에서 영감을 얻은 것이며, 사무동 건물은 한국 전통 기와지붕의 날렵한 곡선을 차용했다. 주한 프랑스대사관은 여러 채로 구성된 전통적 건축 배치방식을 반영했고 내부공간만이 아닌 외부와의 연계를 고려했다. 그러면서도 모더니즘 건축의 시간적 경험을 중첩시켰는데, 건물 하나하나의 조형을 관찰하며 정문부터 대사관저 옥상에 이르는 순차적 공간 경험은 르코르뷔지에의 건축적 산책을 분명하게 구현했다. 주한 프랑스대사관은 건축, 미술, 조각을 통합하고 예술 종합의 무대로 완성함으로써 그가 의도한 건축철학을 엿볼 수 있다. 김중업은 후에 자신의 책에 이와 같이 한국의 얼을 담으려고 애썼고 프랑스의 우아함을 함께 나타내려고 노력한 작업이 자신에게 행운을 안겨주었다고 적었다. 이 작업을 통해 그는 훗날 프랑스 국가공로훈장과 슈발리에 칭호를 받았다.

비슷하게 유엔기념묘지 정문(현 유엔기념공원 정문, 1966) 역시 한국 전통 건축을 현대적으로 해석한 조형성이 돋보인다. 이 작품에도 전통적 건축의 조형성이 보이는 지붕과 공포*, 기둥의 조형석 이미지를 유려한 선의 윤곽으로 드러내고 이를 구조적인 시스템으로 변형했다. 이러한 김중업의 건축적 의도는 여러 작품에도 남아있다.

서병준산부인과

전통적인 조형성과 유기적인 살아 움직이는 곡면, 볼륨이 가진 유려한

---

* 처마 끝의 무게를 받치기 위해 기둥머리에 짜 맞추어 댄 나무쪽. 한옥의 목구조에서, 기둥과 지붕 사이에서 하중을 전달받기 위한 구조물로 시각적 아름다운 형태로 표현된다.

건축은 인간이 빚어놓은 엄청난 손짓이며
또한 귀한 사인이다.

역동성은 김중업 건축의 특징이다. 서울 동대문에 위치한 5층짜리 서병준산부인과의원(현 아리움 사옥, 1967)은 그가 가진 기하학적 곡선의 미학을 그대로 표현하고 있다.

대지는 좁고 세모진 이형적인 형태로 설계가 쉽지 않은 땅이다. 김중업은 훌륭한 건축 디자인을 하기에 불리한 조건에도 불구하고 이를 극복하기 위한 다양한 곡선을 사용하여 독특하면서도 기능적인 건축물을 설계했다. 내부공간은 산부인과 병원이라는 기능적인 특징과 생물학적 의미에 착안해 공간의 윤곽과 이미지를 자궁과 같이 디자인했다. 1층의 방들은 웅크린 태아의 이미지를 본따 둥글고 응집된 공간을 표현했으며 2~3층의 수술실과 인큐베이터실, 입원실 등은 크고 작은 타원형으로 계획하여 자궁 안에 있는 듯한 이미지를 형상화했다. 건물 벽면과 바닥, 천장, 건축 구조부의 만나는 부분을 둥글게 마감하고, 외부에 발코니도 곡면으로 처리했다.

이러한 처리를 통해 전체 건축물은 덩어리를 느끼는 양감이 두드러진 볼륨을 갖는다. 일체화된 구조적인 형상은 여러 개의 볼륨이 부드럽게 연결되어 형성된다. 재미있게도 평면적으로는 남자의 성기 모양을 한 노골적인 평면 구조에 추상적인 형태의 상징과 함께 여성의 자궁이 만나는 곳에 분만실을 배치한 것은 직설적인 상징을 의도한 것이다. 이러한 디자인의 건축은 공사도 쉽지 않아 건축주의 공사비 부담이 커지자 경사로의 천장 부분과 다른 디테일은 콘크리트로 마감했다.

유유제약 안양공장

1959년 완공된 유유제약 안양공장은 유유제약의 유특한 회장의 의뢰로 시작된 김중업의 초기 작품이자 그가 설계한 공장 중 유일하게 남아있는 건물이다. 2007년 안양시에서 매입한 후 2014년부터 김중업건축박물관으로 운영되고 있다. 공장 외관에 박종배 작가의 조각을 접목한 독특한 구조가 특징이다. 출입문, 손잡이, 조각품 배치 등 세밀한 부분까지 손수 디자인한 섬세함이 돋보인다. 건축을 일종의 문화로 규정하고 동시대 여러 예술가들과 교류하며 다양한 건축적 시도와 예술적 실험을 이끌었던 김중업의 면모를 확인할 수 있다.

제주대학교 본관

제주대학교 본관은 김중업의 조형의식과 아름다운 곡선을 확인할 수 있는 건축물이다. 이 건축물은 마치 역동적인 유람선이나 비행선을 연상케 하는 독특한 외형을 가진다. 김중업 자신도 이 건축물을 20세기에 지어진 21세기의 건축물로 여겼다. 이러한 적극적인 기능성을 부여하는 형태는 건축물이 지닌 동선체계를 드러내는 경사로와 여러 층의 볼륨으로 보이는 둥글게 마감되어 일정하게 뚫어놓은 개구부를 가진 볼륨의 적층에 있다. 이 건물은 21세기의 미래적 건축으로 꼽히며 일찍부터 해외에 더 알려졌다.

　제주대 옛 본관은 한국 모더니즘 건축의 효시로 불리며, 현대건축의 원리와 한국의 정서를 융합시킨 걸작으로 평가받기도 했다. 실제로 미래도시를 연상케 하는 건축물이었다. 김중업은 자신의 책《김중업, 건축가의 빛과 그림자》*에서 표지로 주한 프랑스대사관과 제주대 옛 본관 사진을 실을 만큼 애착이 컸다. 2층과 3층을 연결한 경사로의 기하학적인 곡선은 바다가 가지는 생명력, 제주도의 역동적 이미지와 잘 어울렸다.

르코르뷔지에는 기둥을 바닥의 바깥에서 약간 안쪽에 두어 구조적 역할을 집중시킴으로써 서양의 전통 건축에서 볼 수 있는 두꺼운 벽으로부터 건물 해방을 시도하고, 이를 전제로 한 새로운 건축을 위한 근대건축 5원칙**을 주창했다. 김중업은 이러한 르코르뷔지에의 생각을 자신의 건축에 고스란히 옮겼다. 나아가 원칙을 충실히 담아내는 데 그치지 않고, 바다와 해양, 배의 이미지를 지닌 제주만의 독특한 의미도 담아놓았다. 김중업은 제주도의 풍토에 맞는 건물로 건축한다는 관점에서 외장의 일부와 화장실의 내장 등에 부분적으로 제주도의 현무암도 활용하려고 시도했다. 그는 지역성을 드러내는 재료와 형태, 기능 그리고 한국성을 함께 표현하고자 했다.

그러나 아쉽게도 바다 모래를 사용한 콘크리트와 지역 건축재료는 건축물의 부식을 가져왔고 공사기간 내내 강한 해풍과 준공 후의 시설 변경은 건축물의 붕괴위험을 높였다. 결국 제주대학교 본관 건물은 1995년 철거되었다.

* 열화당, 1984
** 첫째, 필로티(pilotis). 1층은 기둥만 서있는 공간으로 하고 2층 이상에 방을 짓는 방식. 1층은 기둥만으로 구성되어 바람이 통하는 공간이다. 둘째, 옥상정원. 옥상공간을 녹지로 꾸며 자유로운 활동과 휴식공간으로 활용하는 것. 셋째, 자유로운 평면. 기둥으로 하중을 지지하면 벽체는 자유로운 배치가 가능해진다. 넷째, 수평 연속창. 구조적으로 자유로운 외벽은 개구부를 자유로운 형태로 뚫을 수 있고 연속적인 수평의 긴 창을 만들 수 있다. 다섯째, 자유로운 입면. 자유로운 벽의 형태를 창조할 수 있다.

삼일빌딩

김중업은 르코르뷔지에의 제자답게 건축과 함께 도시개발 프로젝트에 관심이 컸고 아파트 문화에 긍정적이었다. 마포아파트와 관련된 좌담회에서 아파트는 한국 주거생활의 혁신이라 극찬했고, 아울러 85%가 산악지대라 주택건설을 위한 공지 조성이 매우 힘든 한국 상황에 유리하다고 생각했다.

1970년, 김중업은 서울 종로구 삼일로에 당시 서울에서 최고층인 지하 2층, 지상 31층의 마천루, 삼일빌딩을 완공했다. 당시 국내에서 가장 높은 빌딩으로 지어진 삼일빌딩은 장식을 최대한 배제하고 검은색 철과 착색유리만을 소재로 활용한 미니멀한 검정 외관으로 화제가 됐다. 고층빌딩의 시대가 열린 1980년대 이전까지 서울의 마천루로서 독보적인 존재였으며, 현재까지도 한국 현대건축을 대변하는 상징이자 종로의 랜드마크로 자리를 지키고 있다.

이 건물은 당시 전형적인 미스 반 데어 로에 식의 유리와 강철로 외피를 두른 오피스 빌딩이다. 당시 대부분의 고층건물이 해외 건축가에 의하여 건축되었는데, 삼일빌딩은 기본 설계부터 완공까지 한국 건축가인 김중업이 총괄했다는 점에서 의미가 크다. 미스 반 데어 로에가 설계한 뉴욕 맨해튼의 시그램 빌딩과 형태와 비례가 같아 비판도 많았다. 반면 창틀의 독창적인 비례의 아름다움이나 내부구조의 효율성에서 동시대 모더니즘 건축물이 따라갈 수 없는 역작이라는 찬사도 함께 받았다. 당초 계획은 140m 높이였으나 풍압으로 인해 설계가 변경되면서 층간 두께를 매우 얇게 처리해 더욱 날렵하고 아름다운 비례가 도출됐다. 삼일

건축가는 시대를 지켜보는 목격자여야 하며
사회적 발언을 주저하지 않아야 한다.

삼일빌딩, 서울, 1970

Kim Chung Up

빌딩은 2020년 리노베이션되었는데, 설계자들은 공사과정에서 김중업 건축의 유산과 대한민국 현대화의 상징성을 최대한 존중했다. 현재는 기존 삼일빌딩 외관 자재 일부가 내부에 전시돼 있다.

목소리를 내다, 강제 추방

당시 박정희 정권은 근대화·산업화 기치 아래 대규모 토목·건축 사업을 적극 지원했다. 삼일빌딩이 완공된 해, 서울 마포구 창전동 와우아파트가 붕괴돼 33명이 목숨을 잃었다. 와우아파트는 서울특별시가 와우산 일대에 건설한 시민아파트였다. 무면허 건설업자는 가파른 산 중턱에 아파트를 지었는데 그 이유가 김현옥 시장이 자기 업적을 대통령에게 일부러 잘 보이도록 하기 위함이었다. 또 건설 허가를 따내기 위해 무면허 건설업자들이 관련 공무원들에게 뇌물을 주고 공사자재를 아껴야 했기 때문에 철근 70개를 넣어야 튼튼하게 유지될 기둥에 5개의 철근을 넣으며 부실공사를 강행했다. 그 결과 준공 4개월 만인 1970년 4월 아파트 한 동이 무너져 사망 33명, 부상 38명의 인명피해가 일어났다. 참사 원인은 당연히 부실공사였다. 김중업은 조목조목 비판했다. 또 1971년 8월 경기도 광주(현 성남시) 대단지사건이 일어났다. 서울시가 철거민 이주를 졸속 추진하다 대규모 봉기를 야기한 사건이었다. 김중업은 〈동아일보〉에 도시개발에 대한 국가정책을 비판하는 글을 게재했다.

중앙정보부는 그를 반체제 인사로 분류해 1971년 강제 추방했다. 그 해는 그가 아틀리에를 겸한 집을 지은 해이기도 했다. 그리고 10월에 신세계화랑에서 두 번째 전시회를 가졌다. 그러나 11월에 프랑스로 단신으로 떠났다. 김중업건축연구소는 삼일빌딩의 설계비조차 받지 못한 채 세무조사를 받았고 엄청난 세금이 부과됐다. 김중업은 성북동에 겨우 마련한 집과 사무실, 그리고 15년간 닦은 기반 또한 잃고 말았다.

김중업은 자녀들을 한국에 남겨둔 채 프랑스 파리에서 100km 떨어진 페르 앙 타르드누아Fère en Tardenois라는 시골에서 부인과 둘이 살았다. 파리에 계속 머물 수 있었던 건 유엔본부 건축위원이었던 르코르뷔지에가 유엔본부에 제청해 난민 지위를 받게 해줬기 때문이다. 1974년에는 52세의 나이에 프랑스 공인 건축가DPLG로 인정받았다. 파리 체류 중에도 그는 성공회회관, 홍명조 씨댁, 외환은행 본관 등을 설계했다.

귀국 이후

김중업이 9년간의 유랑생활을 마치고 고국에 돌아온 건 1979년, 박정희 사망 이후였다. 귀국 후 쇼핑센터 태양의 집1982, 육군박물관1983, 중소기업은행 본점1987, 유작이 된 KBS 국제방송센터IBC, 1988와 세계 평화의 문1988 등을 설계했다. 김중업의 후반기 작업은 최근 젊은 세대로부터 여타 건물과 달리 규범을 깨는 독특한 공간으로 평가되었고 다수의 건축상을 수상하였다.

김중업은 88올림픽을 기념하기 위해 세운 지하 1층, 지상 4층 규모의 철골 콘크리트의 서울 올림픽 조형물 '세계 평화의 문'을 설계했다. 1985년 설계한 후 완공된 모습을 보지 못한 채 1988년 세상을 떠났다. 이 작품은 한국의 전통적인 대문 개념을 현대적으로 재해석하여 구조화한 작품으로 세계 평화를 염원하는 다채로운 예술을 곳곳에 담았다. 지붕 아래 단청에는 판화가이자 그래픽 디자이너인 백금남의 고구려 사신도를 새겨 넣었고, 앞마당에는 설치미술가 이승택의 탈을 얹은 열주(列柱)를 길게 나열했다. 쇠약해진 김중업을 대신하여 당시 건축사무소 실장이던 곽재환 대표가 주로 업무를 진행하였다. 올림픽 세계 평화의 문은 그것들을 구현한 결과로, 순수예술의 여러 장르를 통합해 완성한 거대한 예술작품이었다. 이 기념탑에서 김중업이 생각했던 구성원리는 세 가지였다. 그 하나는 공간적 결절점에 새로운 시대로의 진입을 의미하는 문의 존재다. 둘째는 이상을 향하여 비상하고픈 인간의 의지를 상징하는 것이며 그것은 곡선으로 감겨 올라가는 지붕선을 공중에 매다는 것으로 형상화했다. 마지막으로 굵은 곡선과 날카로운 예각을 대비시켜 대범하고도 영민한 민족성을 표현하고자 했다. 여기에 살아 움직이는 선과 날카로운 예각의 대비는 매우 뛰어난 조형적 요소로 표현된다.

이처럼 김중업 건축의 가장 한국적인 특징은 한국적인 선이다. 이것은 지붕선의 윤곽으로 잘 드러난다. 이러한 선을 현대적으로 표현하면서도 전통 목구조의 기둥과 공포, 그리고 바닥의 결합구조와 비례를 잘 표현하고 있다. 또한 비워진 공간에 대한 한국적 정신을 재구성하고 여백의 미를 구체적으로 반복한다. 이러한 의도는 다양한 건축물의 배치방식, 길과 연계된 정원의 구성에서 더 잘 드러났다.

한국성과 섬세한 선의 건축

김중업은 이 땅에 모더니즘 건축을 실현하며 자신만의 한국성과 감성을 세운 건축가였고 무엇보다 자유롭고 역동적인 선과 면의 윤곽, 그리고 유동적인 볼륨을 이해하고 이를 통해 형태적 조형성을 시도하였다. 자신만의 디자인 요소들을 통해 한국성을 제시하였고 건축을 예술로서 이해하고 표현하였으며 건축 재료, 공간, 구조, 형태, 장식에 이르는 모든 모더니즘적 요소를 자신이 이해하는 세련된 결과물로 변화시켰다. 그는 자신이 설계한 건축물의 성격과 프로그램, 대지의 여건을 이해하고 그 건축물을 평면으로 발전시킬 것인지 아니면 평면적으로 발전시킬 것인지 조형적으로 발전시킬 것인지를 결정했다. 그는 수많은 스케치를 통해 원하는 선을 발견하고 다가갔고 그렇게 다듬어진 스케치가 전체 건물의 조형과 윤곽을 결정했다. 그에게 있어서 건축은 각고의 노력을 통해서 찾아지고 만들어지는 역동적인 선으로 구체화되었다. 그러한 선은 전통적인 구조체, 형태, 윤곽, 입면, 평면이 되었다. 절정기에 추방이라는 안타까운 현실에 직면하였으나 그가 가진 역량으로 남긴 작품들은 한국 현대건축의 걸작으로 남아있다.

건축용어

UIA Prize 국제세계건축가협회(UIA: International Union of Architects)에서 주는 건축상

건축언어(건축어휘) 건축의 형태, 재료, 시공, 개념, 이론에서 사용되는 의미를 함의하는 언어

국제주의 양식(Internationalism) 1900년대 초반 유럽과 미국에서 발전한 건축양식. 장식 없는 평평한 흰색 벽, 극단적인 입방체, 넓은 공간에서의 유리 사용, 개방형 평면이 특징이다.

공예정신 개인의 시간과 노력으로 대량생산되지 않은 공예작품을 완성하는 태도로 예술작품으로 완성하려는 정신

공포(栱包/貢包) 전통건축에서 목조 기둥과 지붕 부재 사이에 하중을 받치는 장식적 구조물

그라운드(ground) 대체로 대지를 뜻함. 건축 가능한 배경, 마당, 건축물 주변 정리된 바닥면을 의미한다.

디자인(design) 인간이 구상하는 개념과 사물을 의도하는 바대로 실체화하는 과정

랜드스케이프(landscape) 건축에서 자연적인 형태와 자연적인 요소를 포함한 풍경과 상태. 혹은 그러한 풍경과 상태를 디자인하는 것

레이어(layer) 인간의 사고 혹은 작업과 디자인에서 개별적인 단위의 의미 층위. 여러 레이어를 통해 대상을 다양한 의미와 시각으로 분석하고 작업할 수 있다.

리브(rib) 건축 구조물에서 하중을 지지하는 비교적 얇은 천장 구조재. 갈비뼈와 같이 천장의 여러 부재의 하중이 리브를 통해 기둥으로 전달한다.

마스터플랜(master plan) 다양한 디자인 계획에서 가장 기준이 되고 바탕이 되는 통합적인 전체 계획

매스(mass) 건축에 있어서 구조적 형태가 갖는 물리적인 윤곽, 볼륨, 3차원적 특성. 매스를 통해 디자인을 판단하고 감각적 요소들을 구축한다.

매핑(mapping) 건축 디자인에서 혹은 환경, 도시 디자인에서 다양한 요소를 지도의 형식으로 시각화하고 이를 통해 의미를 전달하는 방식. 현재는 프로젝트 매핑, 네트워크 매핑, 마인드 매핑, 위상학적 매핑과 같이 다양한 분야에서 적용된다.

메자닌(mezzanine) 여러 개의 층에서, 바닥층 전체를 확장하지 않고 일부만을 사용하는 중간층. 위아래 층과 열려있다.

모뒬로르(modular) **체계** 건축에서 사용되는 다양한 치수 단위의 비례체계를 의미하며 공간, 가구, 재료, 공간, 시공기준의 치수를 비례적으로 정리한 체계

모티브(motive) 다양한 작품, 작업, 사고에서 영감, 분위기, 특정한 주제나 테마 혹은 동기를 의미한다.

무어 양식(moore style) 스페인과 포르투갈에서 12세기에서 16세기 사이에 발전한 중세의 이슬람 건축 스타일. 대표적으로 스페인 알함브라 궁전이 있다.

미니멀리즘(minimalism) 다양한 예술의 분야와 생활방식에서 최소한의 요소, 간결하고 단순한 것을 추구하는 스타일을 의미한다.

바우하우스(Bauhaus) 20세기초 독일에서 설립된 건축, 디자인, 예술학교이며 이 학교에서 추구한 예술운동을 바우하우스 운동이라고 부른다. 예술, 디자인, 생활, 공예, 산업을 하나로 연결하여 이해하고 교육하였으며 실제 산업과 연계하여 작업하였다.

베이(bay) 건축물에서 기둥과 기둥 사이 공간. 베이는 빛을 들일 수 있는 창을 설치할 수 있으므로 아파트, 연립주택에서 베이의 수는 빛과 조망에 영향을 미친다.

부르탈리즘(brutalism) 서양건축에서 20세기 중반에 시작된 건축 스타일로 콘크리트, 석재, 철재의 건축 물성을 노출하여 독특하고 강한 이미지를 형성하는 경향

브리즈솔레이유(brise-soleil) 태양광을 조절하기 위하여 건축물의 외부에 부착된 구조물 혹은 확장된 창호 프레임으로, 수직수평의 긴 띠 형태를 가진다.

블록(block) 작은 단위의 볼륨부터 거대한 단위의 볼륨을 일컫는 용어. 시각적, 물리적, 구조적, 개념적인 의미에서 덩어리로 묶어 구분하여 이해할 수 있는 단위를 의미한다.

사이트(site) 건축물을 디자인하여 시공이 가능한 경계를 가진 대지

상인방(上引枋) 인방은 건축물에서 출입구, 창문을 설치하기 위하여 구조적으로 안정된 수평의 긴 구조물을 의미하며 창, 출입문 위아래에 설치한다. 위쪽 인방을 상인방, 아래쪽 인방을 하인방이라고 부른다.

솔리드(solid) 건축적으로 속이 가득 찬 혹은 입방체로서, 내부가 하나의 덩어리로 되어있는 건축물과 구조물

스투코(stucco) 골재나 분말, 물 등을 섞어 만든 타일, 벽돌, 장식판, 조각 등을 일컬으며 건축물의 외부를 마감하기 위해 제작된 건축재료

슬래브(slab) 건축물에서 콘크리트 구조의 바닥을 형성하는 판

슬러리(slurry) 고체와 액체가 혼합된 상태로 유동성이 적은 물리적 상태 혹은 그러한 유동적 상황에 있는 특정한 과정

시퀀스(sequence) 영화, 건축, 예술 분야에서 시간적 단위의 이미지, 감각, 내용, 경험을 연속적으로 구조화, 조직화하여 제시하는 방식

아르누보(art nouveau) 19세기 말에서 20세기까지 예술 전반에 걸쳐 유행한 양식으로 자연물, 꽃, 식물에서 영감을 받은 곡선을 기반으로 표현한 스타일

안티-아키텍트(anti-architect) 일반적으로 통용되거나 인정되는 그리고 전통적인 건축방법과 양상에 대하여 반대하고 비판적 태도를 가진 경향

에콜 드 보자르(École des Beaux-Arts) 프랑스의 국립미술학교. 이곳에서 예술, 디자인, 건축 등의 폭넓은 교육이 이루어진다. 에콜 드 보자르에서 이루어진 예술교육의 스타일과 전통을 '보자르 전통'이라고 한다.

오픈 플랜(open plan) 하나의 층 혹은 그 이상의 공간이 벽체와 구획으로 나뉘거나 막히지 않고 열려있는 공간

유닛(unit) 치수, 공간, 볼륨, 매스, 프로그램 등 건축디자인에서 사용되는 최소 단위

유소니언 주택(Usonian House) 일반적으로 프랭크 로이드 라이트가 설계한 1930년대의 미국 중산층 주택을 부르는 이름으로, 정원과 테라스, L형의 주택 건물, 평평한 지붕, 캔틸레버로 구성

이중 쉘 구조 돔 혹은 외피 구조를 이중으로 구축하는 방식으로, 시공과 구조적으로 유리한 내부구조와 아름다운 외관을 위한 외부구조를 나누어 구축한다.

줄눈 석재, 벽돌, 콘크리트 블록 등의 여러 단위 부재 사이에 결속 재료를 넣거나 변형을 방지하기 위한 간격

카티아(CATIA) 건축 디자인에 사용되는 3차원 컴퓨터 소프트웨어. 항공사업 및 자동차 관련 설계를 위해 개발되었으나 다양한 산업 분야에서 비정형 형상과 구조체를 디자인하는 데 널리 사용된다.

칼스버그 건축상(Carlsberg Architectural Prize) 덴마크 칼스버그 그룹에서 설립한 건축상으로 1992년 안도 다다오, 1995년 유하 레이비스카, 1998년 페터 춤토르가 수상했다.

캔버스(canvas) 회화에서 그림을 그리기 위한 배경으로 사용되는 이 단어는 건축에서 대체로 특별한 작업이나 디자인을 위한 무대로 사용된다.

캔틸레버(cantilever) 건축 구조물에서 하부의 기둥이나 기타 보강 부재 없이, 수평으로 돌출된 보와 슬라브 구조물

커튼월 건축물의 모든 하중을 기둥, 보, 슬라브로 전달하고 외벽은 하중을 전달하지 않고 프레임과 유리로 둘러서 커튼을 두르는 듯이 외부를 마감하는 방식

큐브(cube) 육면체의 매스, 건축물, 구조물

큐폴라(cupola) 작은 건축물의 상부를 덮는 둥근 천장으로 종탑, 전망대 등의 상부에 설치되어 전망과 채광을 가능하게 한다.

클러스터(cluster) 여러 개의 동일한 기능, 형태, 구조적 단위들을 묶어 더 큰 단위로 만들어진 건축적 복합 단위 혹은 종합 구조체

키치(kitsch) 예술에 있어 대중적이고 싸고 천박한 작품을 지칭하였으나 오늘날에는 의도적으로 평범하고 수준이 낮지만, 일상적으로 접근이 쉽고 전통적이지 않은 미학적 내용의 작품을 일컫는다.

테라코타(terra cotta) 건축물의 마감에 쓰이는 다양한 형태의 대형 타일. 점토를 구워 만들며 석

재를 대신하고 다양한 조형적 형태의 대량생산도 가능하다.

투시도 패널 건축 프레젠테이션에 사용되는 패널 중 건축물의 전경과 분위기를 보여주는 투시도로 제작되는 패널

트랜셉트(transept) 교회의 십자가 형태의 평면에서 긴 직선 공간의 좌우로 돌출하여 만들어진 공간

트러스(truss) 거대한 공간 혹은 하중을 부담하기 위하여 거대한 건축구조를 사용하는 대신 작은 부재를 서로 역학적으로 이어 만든 구조물

파빌리온(pavilion) 전시장, 박람회, 공연장, 공원 등에 사람들이 목적하는 기능을 위해 지어진 가설 구조물

파사드(facade) 건축물의 중요한 전면. 현관을 포함하고 얼굴이 되는 외벽 면

포스트구조주의(post-structuralism) 20세기 이후, 유럽의 학자들이 인간의 문화와 역사를 상징과 기호 그리고 체계로 이해할 수 있다는 구조주의적 사고를 비판하여 나타난 운동

폴딩(folding) 건축물을 디자인하는 데 있어서 바닥면, 외피, 공간을 접거나 구부리거나 자르거나 찢고 붙이는 등의 조작을 통해 형태를 완성하는 작업

프레리 하우스(Prairie House) 프랭크 로이드 라이트가 개발한 건축 양식으로, 미국 중서부의 초원과 농장에 건축한 주거 형식. 수평적인 선, 낮은 경사의 평평한 지붕과 넓은 난간을 특징으로 하며, 주변 자연환경과의 조화를 강조한다.

프로그램(program) 건축 디자인에 있어서 필요한 기능, 요구, 행위, 동선 등을 의미하며 건축물 내부에서 일어나는 모든 인적·물적 흐름과 움직임을 프로그램이라 할 수 있다.

프리츠커상(Pritzker Architecture Prize) 건축에 있어서 노벨상이라 불리는 대표적인 상으로 매년 건축예술을 통해 재능과 비전, 인류의 발전에 기여한 건축가에 수여한다. 하얏트 호텔의 창업주인 프리츠커 부부가 1979년 창설했다.

플루팅(fluting) 건축 디자인에서 다양한 부재에 홈 파기. 요철, 물결 등의 입체감을 주어 장식적 효과와 운동감을 부여한다.

피어(pier) 벽체에 부착된 기둥으로 일부가 벽체 밖으로 돌출되어 드러나고 일부는 벽체에 매립된다.

필드(field) 단순한 영역의 의미를 넘어 특정한 힘과 의미, 역할과 기능이 부여된 경계를 의미하며 심리적, 의식적으로 중요한 장소를 형성한다.

필로티(Pilotis) 건축물을 기둥이나 내력벽 등으로 들어올려 1층 혹은 그 이상의 지상 층을 개방시킨 구조

해체주의(deconstruction) 20세기 건축에서 기존의 스타일과 예술의 경향을 재해석하고 이를 비판하며 생겨난 움직임으로, 기존의 사고와 건축 전반을 분해·재구성하는 방식의 건축

참고도서

여러 건축가를 소개하기 위하여 각 건축가를 소개한 책과 건축역사책, 현대건축을 소개하는 책 등을 참고하였다. 이외에 개별적인 작가집, 논문, 매거진, 기타 건축 관련 웹진을 두루 살폈다. 더 깊이 건축을 이해하고 싶은 독자를 위하여 지나치게 전문적인 자료는 제외하고 대표적인 참고 도서를 간략히 소개한다.

《20세기 건축과 도시계획》쿠니베르트 바우텐. 풀만. 2010.

《건축가 : 프리츠커상 수상자들의 작품과 말》루스 펠터슨 외. 까치. 2000.

《공간사옥》김수근. 시공문화사. 2013.

《그래픽 디자인과 건축》리차드 펄린. 2019.

《김중업 건축론》정인하. 산업도서출판공사. 2000.

《도판으로 이해하는 세계건축사》에밀리 콜. 시공문화사. 2008.

《맥밀란 건축가 백과사전》아돌프 플렉첵. 맥밀란 출판. 2002.

《서양건축사》베니스터 플레쳐 경. 아키텍쳐럴 프리. 1996.

《서양건축사》비난트 클라센. 대우출판사. 2001.

《세계건축사》프란시스 칭 외. 와일리. 2017.

《위대한 건축가 50》이제 이케. 시공문화사. 2023.

《현대 건축 분석》앤토니 래드포드. 아키그렘. 2015.

《현대 건축 : 비판적 역사》케네스 프렘튼. 마티. 2017.

도판출처

01 9쪽 ⓒ Daniele da Volterra / Wikimedia Commons
10쪽 ⓒ Myrabella / Wikimedia Commons
15쪽 ⓒ Stanislav Traykov / Wikimedia Commons
18쪽 ⓒ Jörg Bittner Unna / Wikimedia Commons

02 24쪽 ⓒ Kenta Mabuchi / Wikimedia Commons
29쪽 ⓒ Elke Wetzig / Wikimedia Commons
30쪽 ⓒ kazunori fujimoto / Wikimedia Commons

03 33쪽 ⓒ Joop van Bilsen / Wikimedia Commons
34쪽 ⓒ Shutterstock
39쪽 ⓒ SiefkinDR / Wikimedia Commons
40-41쪽 ⓒ Manfred Brückels / Wikimedia Commons
45쪽 ⓒ Valueyou / Wikipedia
46쪽 ⓒ Salvora / Wikimedia Commons

04 50쪽 ⓒ Tamorlan / Wikimedia Commons
55쪽 ⓒ Petr1987 / Wikimedia Commons
60-61쪽 ⓒ Ashley Pomeroy / Wikimedia Commons
64쪽 ⓒ Shutterstock
66쪽 ⓒ Ken OHYAMA / Wikimedia Commons
68쪽 ⓒ Deror avi / Wikimedia Commons

05 69쪽 ⓒ MrPanyGoff / Wikimedia Commons
70쪽 ⓒ Spyrosdrakopoulos / Wikimedia Commons
75쪽 ⓒ Noahedits / Wikimedia Commons
78쪽 ⓒ Finavon / Wikimedia Commons

06 81쪽 ⓒ Hohum / Wikimedia Commons
82쪽 ⓒ Shutterstock
88-89쪽 ⓒ Der Golem / Wikimedia Commons
91쪽 ⓒ Der Golem / Wikimedia Commons
94쪽 ⓒ Carol M. Highsmith / Wikimedia Commons
97쪽 ⓒ Stevenuccia / Wikimedia Commons

07 99쪽 ⓒ Alonso de Mendoza / Wikimedia Commons
100쪽 ⓒ Shutterstock
106쪽 ⓒ Ninaraas / Wikimedia Commons
107쪽 ⓒ Leon Liao / Wikimedia Commons
112-113쪽 ⓒ Ninara / Wikimedia Commons
115쪽 ⓒ Thermos / Wikimedia Commons

08 117쪽 ⓒ Sarbjit Bahga / Wikimedia Commons
118쪽 ⓒ Carol M. Highsmith / Wikimedia Commons
121쪽 ⓒ Gunnar Klack / Wikimedia Commons
124-125쪽 ⓒ Michael E Reali Jr / Wikimedia Commons
127쪽 ⓒ Rossi101 / Wikimedia Commons
132쪽 ⓒ Codera23 / Wikimedia Commons

09

135쪽 ⓒ Dogad75 / Wikimedia Commons
136쪽 ⓒ Shutterstock
143쪽 ⓒ Andreas Schwarzkopf / Wikimedia Commons
145쪽 ⓒ Interfase / Wikimedia Commons
148-149쪽 ⓒ Shutterstock

10

151쪽 ⓒ Timelezz / Wikimedia Commons
152쪽 ⓒ Martin Falbisoner / Wikimedia Commons
158쪽 ⓒ Shutterstock
161쪽 ⓒ Ŋ / Wikimedia Commons
163쪽 ⓒ Dziczka / Wikimedia Commons
166쪽 ⓒ Jeremy Wood / flickr

11

167쪽 ⓒ Hohum / Wikimedia Commons
168쪽 ⓒ C messier / Wikimedia Commons
172쪽 ⓒ Thomas Ledl / Wikimedia Commons
177쪽 ⓒ Shutterstock
180쪽 ⓒ ChristianSchd / Wikimedia Commons

12

185쪽 ⓒ Juandev / Wikimedia Commons
186쪽 ⓒ Shutterstock
189쪽 ⓒ Cygnusloop99 / Wikimedia Commons
191쪽 ⓒ Dino Quinzani / Wikimedia Commons
198쪽 ⓒ Richard Bartz / Wikimedia Commons
199쪽 ⓒ Monster4711 / Wikimedia Commons

13

201쪽 ⓒ InterEdit88 / Wikimedia Commons
202쪽 ⓒ Shutterstock
205쪽 ⓒ Shutterstock
208쪽 ⓒ Shutterstock
212-213쪽 ⓒ Raysonho / Wikimedia Commons
215쪽 ⓒ Stankn / Wikimedia Commons

14

217쪽 ⓒ Columbia GSAPP / Wikimedia Commons
218쪽 ⓒ Shutterstock
222-223쪽 ⓒ Pline / Wikimedia Commons
224쪽 ⓒ StellarHalo / Wikimedia Commons
227쪽 ⓒ Tomisti / Wikimedia Commons

15

231쪽 ⓒ Giovanni Battista Cecchi / Wikimedia Commons
232쪽 ⓒ Fczarnowski / Wikimedia Commons
236쪽 ⓒ Peter K Burian / Wikimedia Commons
239쪽 ⓒ Gryffindor / Wikimedia Commons
244쪽 ⓒ Peter K Burian / Wikimedia Commons

16

245쪽 ⓒ Christopher Schriner / Wikimedia Commons
246쪽 ⓒ Shutterstock
250-251쪽 ⓒ 663highland / Wikimedia Commons
253쪽 ⓒ Raphael Azevedo Franca / Wikimedia Commons
257쪽 ⓒ Shutterstock
259쪽 ⓒ 663highland / Wikimedia Commons
263쪽 ⓒ Museum SAN / Wikimedia Commons

"

건축은 모든 예술의 어머니다.
우리 시대의 건축이 없다면, 우리 문명의 정신도 없다.

"